普通高等教育"十三五"规划教材

普通物理实验

王德法　王世亮　张卫东　主编

U0390680

科学出版社

北　京

内 容 简 介

本书共分 4 章,分别为测量的不确定度与数据处理、力学和热学实验、电磁学实验及光学实验,共 33 个实验,在实验内容安排上,遵循由简单到复杂、循序渐进地提高实验技能的原则,力求每个实验既有各自的目的与要求,又相互关联。

本书可作为普通高等院校理工科非物理专业的普通物理实验课教学用书或参考书,也可供物理爱好者阅读。

图书在版编目(CIP)数据

普通物理实验 / 王德法,王世亮,张卫东主编. —北京:科学出版社,2019.9

(普通高等教育"十三五"规划教材)

ISBN 978-7-03-062096-5

Ⅰ. ①普… Ⅱ. ①王… ②王… ③张… Ⅲ. ①普通物理学—实验—高等学校—教材 Ⅳ. ①O4-33

中国版本图书馆 CIP 数据核字(2019)第 179711 号

责任编辑:沈力匀 / 责任校对:马英菊
责任印制:吕春珉 / 封面设计:耕者设计工作室

科 学 出 版 社 出版

北京东黄城根北街 16 号
邮政编码:100717
http://www.sciencep.com

铭浩彩色印装有限公司印刷

科学出版社发行 各地新华书店经销

*

2019 年 9 月第 一 版 开本:787×1092 1/16
2019 年 9 月第一次印刷 印张:12 1/4
字数:300 000

定价:35.00 元

(如有印装质量问题,我社负责调换〈铭浩〉)

销售部电话 010-62136230 编辑部电话 010-62135235(HP04)

前　言

作为科学实验先导的物理实验，体现了大多数科学实验的基本特征，在实验思想、实验方法及实验手段等方面都是科学实验的基础。而"普通物理实验"是高等院校理工科非物理专业的一门必修课，是本科生接受系统实验方法和实验技能训练的开端，它对于培养学生利用现代科学技术分析问题、解决问题的能力有着非常重要的作用。

编写本书时，主要考虑了以下几个方面。

（1）普通物理实验是一门独立开设的课程，其课程体系、课程内容、教学方法和教学目的都有别于其他理论课程，有其自身的规律与任务。因此，本书在实验内容安排上，力求每个实验既有各自的目的与要求，又相互关联，且在具体项目内容上，尽力将每个实验的基本原理和方法阐述清晰；尽力遵循由简单到复杂、由手动直接测量到自动采集数据，循序渐进地提高实验技能的原则。

（2）对于测量的评定，全书采用"不确定度"，并且对测量统计标准及其在认可论证中的应用进行了浅析，以引导学生适应现代技术规范。同时本书详细地介绍了实验数据的处理方法，具体列举了 Origin 软件在各种数据处理方法中的应用，并附上了基础性的实验报告范例。这些知识的具体运用贯穿于各章节的实验项目，以便学生科学、准确、规范地表达结果和评定测量。

（3）根据学生的知识储备及学习规律，所选项目既考虑了具体实验条件，也兼顾学生知识面的开拓和综合运用所学知识分析问题、解决问题能力的培养。实验内容体系既突出实验方法与实验过程的设计，又兼顾基础性、综合性、设计性和研究性，重视分层次实验教学。

（4）在具体实验内容的编写上，注意实验意义与设计思路的介绍；注意对学生实验方法的训练和实验技能的培养；注意定性分析和定量计算与实践手段相结合；注意不同专业、不同层次学生的需求，根据实验室的仪器设备，有针对性地选择具体的实验内容。

本书的编写是一项集体创作，是鲁东大学实验中心全体教师和实验技术人员多年辛勤劳动的结晶。在编写过程中，我们也参考了一些其他院校成熟的实验教材的部分内容，在此对相关作者表示衷心的感谢。

由于编者水平有限，时间仓促，疏漏之处在所难免，恳请各位同行及读者对本书提出批评和建议。

目　　录

绪　论

物理学是实验科学，实验是物理学的基础。特别是普通物理学，更是与实验密不可分。在物理学的发展过程中，实验起着决定性的作用。凡物理学的概念、规律及公式等都是以实验为基础的。新的物理现象的发现、物理规律的寻找、物理定律的验证等，都需要通过实验来完成。离开了实验，物理理论就会苍白无力，就会成为"无源之水，无本之木"，不可能得到发展。

伽利略是 16 世纪伟大的实验物理学家，正是他用出色的实验工作把古代对物理现象的一些观察和研究引上了当代物理学的科学道路，才使物理学发生了革命性的变化。力学中的许多基本定律，如自由落体定律、惯性定律等，都是由伽利略通过实验发现和总结出来的。库仑发明扭秤并用它来测量电荷之间的作用力，为电磁学的研究和发展开启了先河。贝克勒尔和居里夫妇发现了天然放射性物质，由此成为了核物理学的奠基人。

关于理论和实验的关系，牛顿做过非常明确的阐述。他在 1672 年给奥尔登堡的信中说："探求事物属性的准确方法是从实验中把它们推导出来。……考察我的理论的方法就在于考虑我所提出的实验是否确实证明了这个理论；或者提出新的实验去验证这个理论。"在牛顿提出的诸多理论中，万有引力定律历经磨难最终被海王星的发现和哈雷彗星的准确观测等实践所证明；而他关于光的本性的学说却被杨氏干涉实验和许多衍射实验所推翻。

经典物理学的基本定律大多是实验结果的总结与推广。在 19 世纪以前，没有纯粹的理论物理学家。所有物理学家，包括对物理理论的发展有重大贡献的牛顿、菲涅耳、麦克斯韦等，都亲自从事实验工作。近代物理学的发展则是从所谓"两朵乌云"和"三大发现"开始的。前者是指当时经典物理学无法解释的两个实验结果，即黑体辐射实验和迈克尔孙-莫雷实验；后者是指在实验室中发现了 X 光、放射性和电子。由于物理学的发展越来越深入、越来越复杂，而人的精力有限，才有了以理论研究为主和以实验研究为主的分工，出现了"理论物理学家"。然而，即使是理论物理学家也绝对离不开物理实验。爱因斯坦无疑是最著名的理论物理学家，而他获得诺贝尔奖是因为他正确解释了光电效应的实验规律；他当初提出的以"光速不变"的假设为基础的相对论，也是经过长期大量的实验后，才成为一个被人们普遍接受的理论。

总之，物理学的理论来源于物理实验，又必须最终由物理实验来验证。因此，要学好物理学，必须做好物理实验。要从事物理学的研究，必须掌握物理实验的基本功。正因为如此，我国物理学界的前辈们对物理实验都十分重视。创办复旦大学物理系的王福山先生亲自从一个弹簧开始筹措实验仪器设备，为建立物理教学实验室倾注了大量的心血；创办清华大学物理系的叶企孙先生对李政道这样优秀的学生，仍规定："理论课可免上，只参加考试；但实验不能免，每个必做。"

物理实验不仅对于物理学的研究工作和推动物理学的发展有着极其重要的作用，对于物理学在其他学科领域中的应用也有着十分重要的作用。当代物理学的发展已使我们的世界发生了惊人的改变，而这些改变正是物理学在各行各业中应用的结果。

　　电子物理、电子工程、光源工程、光科学信息工程等学科都是以物理学为基础的，其中在材料科学中，各种材料的物理性质测试、许多新材料（如 C_{60}、高温超导材料等）的发现和制备方法（如离子束注入、激光蒸发等）的研究，都离不开物理学的应用。在化学领域，从光谱分析到量子化学、从放射性测量到激光分离同位素，也无不是物理学的应用。在生物学的发展史中，离不开各类显微镜（光学显微镜、电子显微镜、X 光显微镜、原子力显微镜）的贡献；近代生命科学更离不开物理学，DNA 的双螺旋结构就是美国遗传学家和英国物理学家共同提出并为 X 光衍射实验所证实的，而对 DNA 的操纵、切割、重组也都需要实验物理学家的帮助。在医学领域，从 X 光透视、B 超诊断、CT 诊断、核磁共振诊断到各种理疗手段都是物理学的应用。物理学正渗透到各个学科领域，而这种渗透无不与物理实验密切相关。物理实验是把物理基础理论应用到其他应用学科的桥梁。

　　因此，要深入研究物理学，把物理基础理论应用到各行各业的实践中去，就必须重视物理实验，学好物理实验。

第 1 章　测量的不确定度与数据处理

1.1　测量与误差

物理实验不仅要定性地观察物理现象，更重要的是找出有关物理量之间的定量关系。因此就需要进行定量的测量，以取得物理量数据的表征。对物理量进行测量，是物理实验中极其重要的一个组成部分。对某些物理量的大小进行测定，实验上就是将此物理量与规定的作为标准单位的同类量或可借以导出的异类物理量进行比较，得出结论，这个比较的过程就称为测量。例如，物体的质量可通过与规定用千克作为标准单位的标准砝码进行比较，而得出测量结果；物体运动速度的测定则必须通过与两个不同的物理量，即长度和时间的标准单位进行比较而获得。比较的结果记录下来就称为实验数据。测量得到的实验数据应包含测量值的大小和单位，二者缺一不可。

国际上规定了 7 个物理量的单位为基本单位。其他物理量的单位则是由以上基本单位按一定的计算关系式导出的。因此，除基本单位之外的其余单位均称为导出单位。如以上提到的速度及经常遇到的力、电压、电阻等物理量的单位都是导出单位。

一个被测物理量，除了用数值和单位来表征外，还有一个很重要的表征参数，这便是对测量结果可靠性的定量估计。但这个重要参数往往容易为人们所忽视。设想如果得到的测量结果的可靠性几乎为零，那么这种测量结果还有什么价值呢？因此，从表征被测量这个意义上来说，对测量结果可靠性的定量估计与其数值和单位至少具有同等的重要意义，三者缺一不可。

1.　测量的分类

根据测量方法，测量可分为直接测量和间接测量。直接测量就是把被测量与标准量直接比较得出结果。例如，用米尺测量物体的长度、用天平称量物体的质量、用电流表测量电流等，都是直接测量。间接测量则是借助函数关系由直接测量的结果计算出所谓的物理量。例如，已知路程和时间，根据速度、时间和路程之间的关系求出速度就是间接测量。

一个物理量能否直接测量不是绝对的。随着科学技术的发展，测量仪器的改进，很多原来只能间接测量的量，现在可以直接测量了。例如，电能的测量本来是间接测量，现在也可以用电度表来进行直接测量。物理量的测量，大多数是间接测量，但直接测量是一切测量的基础。

根据测量条件来分，测量可分为等精度测量和非等精度测量。等精度测量是指在同一（相同）条件下进行的多次测量，如同一个人，用同一台仪器，每次测量时周围环境条件相同，等精度测量每次测量的可靠程度相同。反之，若每次测量时的条件不同，或测量仪器改变，或测量方法、条件改变，这样所进行的一系列测量称为非等精度测量。非等精度测量的结果，其可靠程度自然也不相同。物理实验中大多采用等精度测量。应该指出：重复测量必须是重复进行测量的整个操作过程，而不是仅仅重复读数。

测量仪器是进行测量的必要工具。熟悉仪器性能，掌握仪器的使用方法及正确读数，是每个测量者必备的基础知识和基本技能。以下简单介绍仪器精密度、准确度和量程等基本概念。

仪器精密度是指与仪器的最小分度相当的物理量。仪器最小的分度越小，所测量物理量的位数就越多，仪器精密度就越高。对测量读数最小一位的取值，一般来讲应在仪器最小分度范围内再估读一位数字。如具有毫米分度的米尺，其精密度为1mm，应该估读到毫米的十分位；螺旋测微器的精密度为0.01mm，应该估读到毫米的千分位。

仪器准确度是指仪器测量读数的可靠程度。它一般标在仪器上或写在仪器说明书上。如电学仪表所标示的级别就是该仪器的准确度。对于没有标明准确度的仪器，可粗略地取仪器最小的分度数值或最小分度数值的一半作为其准确度（一般对连续读数的仪器取最小分度数值的一半，对非连续读数的仪器取最小分度数值）。在制造仪器时，其最小分度数值是受仪器准确度约束的。不同的仪器，准确度是不一样的。测量长度的常用仪器——米尺、游标卡尺和螺旋测微器，它们的仪器准确度是依次提高的。

量程是指仪器所能测量的物理量最大值和最小值之差，即仪器的测量范围（有时也将所能测量的最大值称为量程）。测量过程中，超过仪器量程使用仪器是不允许的，轻则造成仪器准确度降低，使用寿命缩短，重则损坏仪器。

2. 误差与偏差

测量的目的就是得到被测物理量所具有的客观真实数据，但受测量方法、测量仪器、测量条件及观测者水平等多种因素的限制，只能获得该物理量的近似值。也就是说，一个被测量值 N 与真值 N_0 之间总是存在着差值，这种差值称为测量误差，即

$$\Delta N = N - N_0 \tag{1.1}$$

显然测量误差 ΔN 有正负之分，常称为绝对误差。注意，绝对误差不是误差的绝对值。

误差存在于一切测量之中，测量与误差形影不离。将分析测量过程中产生的误差的影响降低到最低程度，并对测量结果中未能消除的误差作出估计，是物理实验中一项重要的工作，也是实验者的基本技能。实验总是根据对测量结果误差限度的一定要求来制定方案和选用仪器的，不要认为仪器精度越高越好。因为测量的误差是各个因素所引起的误差的总和，要以最小的代价来取得最好的结果，要合理地设计实验方案，选择仪器，确定采用哪种测量方法。例如，比较法、替代法、天平复称法等，都是为了减小测量误差；对测量公式进行修正，也是为了减少某些误差的影响；在调整仪器时，如调整仪器使其处于竖直、水平状态，要考虑到什么程度才能使它的偏离对实验结果造成的影响可以忽略不计；电表接入电路和选择量程都要考虑引起误差的大小。在测量过程中某些对结果影响大的关键量，要想办法将它测准；有的非关键量测量不太准确对结果没有什么影响，就不必花太多的时间和精力去对待。在进行数据处理时，某个数据取到多少位有效数字，怎样使用近似公式，作图时坐标比例、尺寸大小怎样选取，如何求直线的斜率，等等，都要考虑引入误差的大小。

　　由于客观条件所限及人们认识的局限性，测量不可能获得被测量的真值，只能是近似值。设某个物理量真值为 x_0，进行 n 次等精度测量，测量值分别为 x_1，x_2，$\cdots$，x_n（测量过程无明显的系统误差）。它们的误差为

$$\Delta x_1 = x_1 - x_0$$
$$\Delta x_2 = x_2 - x_0$$
$$\vdots$$
$$\Delta x_n = x_n - x_0$$

求和

$$\sum_{i=1}^{n} \Delta x_i = \sum_{i=1}^{n} x_i - nx_0$$

即

$$\frac{\sum_{i=1}^{n} \Delta x_i}{n} = \frac{\sum_{i=1}^{n} x_i}{n} - x_0 \tag{1.2}$$

　　当测量次数 $n \to \infty$ 时，可以证明 $\dfrac{\sum_{i=1}^{n} \Delta x_i}{n} \to 0$，而且 $\dfrac{\sum_{i=1}^{n} x_i}{n} = \overline{x}$ 是 x_0 的最佳估计值，$\overline{x}$ 称为测量值的近似真实值。为了估计误差，定义测量值与近似真实值的差值为偏差，即 $\Delta x_i = x_i - \overline{x}$。

　　偏差又称为残差。实验中得不到真值，因此也无法知道误差，但可以准确知道测量的偏差，实验误差分析中要经常计算偏差，用偏差来描述测量结果的精确程度。

3. 相对误差

　　绝对误差与真值之比的百分数称为相对误差，用 E 表示：

$$E = \frac{\Delta N}{N_0} \times 100\% \tag{1.3}$$

　　由于真值无法知道，所以计算相对误差时常用 N 代替 N_0。在这种情况下，N 可能是公认值或高一级精密仪器的测量值，或测量值的平均值。相对误差用来表示测量的相对精确度，用百分数表示，保留两位有效数字。

4. 系统误差与随机误差

　　根据误差的性质和产生的原因，误差可分为系统误差和随机误差。

　　1）系统误差

　　系统误差指在一定条件下多次测量的结果总是向一个方向偏离，其数值一定或按一定规律变化。系统误差的特征是具有一定的规律性。系统误差的来源有以下几个方面：

　　（1）仪器误差：由仪器本身的缺陷或没有按规定条件使用仪器而造成的误差。

　　（2）理论误差：由测量所依据的理论公式本身的近似性，或实验条件不能达到理论公式所规定的要求，或测量方法等所带来的误差。

　　（3）观测误差：由观测者本人生理或心理原因造成的误差。

　　例如，用"落球法"测量重力加速度，由于空气阻力的影响，多次测量的结果总是

偏小，这是测量方法不完善造成的误差；用停表测量运动物体通过某一段路程所需的时间，若停表走时太快，即使测量多次，测量的时间 t 也总是偏大一个固定的数值，这是由仪器不准确造成的误差；在测量过程中，若环境温度升高或降低，使测量值按一定规律变化，这是由环境因素变化引起的误差。

在任何一项实验工作和具体测量中，要想尽一切办法，最大限度地消除或减小一切可能存在的系统误差，或者对测量结果进行修正。发现系统误差后，需要改变实验条件和实验方法，反复进行对比。系统误差的消除或减小是一个比较复杂的问题，没有固定不变的方法，要具体问题具体分析。产生系统误差的原因可能不止一个，一般应找出主要的影响因素，有针对性地消除或减小系统误差。以下介绍几种常用的方法。

（1）检定修正法：指将仪器、量具送计量部门检验取得修正值，以便对某一物理量测量后进行修正的方法。

（2）替代法：指用测量装置测定被测量后，在测量条件不变的情况下，用一个已知标准量替换被测量来减小系统误差的方法。例如，消除天平的两臂不等对测量的影响可用此方法。

（3）异号法：指对实验时在两次测量中出现符号相反的误差，取平均值后消除的方法。例如在外界磁场作用下，仪表读数会产生一个附加误差，若将仪表转动180°再进行一次测量，外磁场将对读数产生相反的影响，引起负的附加误差。对两次测量结果进行平均，正、负误差可以抵消，从而可以减小系统误差。

2）随机误差

实际测量条件下，多次测量同一量时，误差时大时小，符号时正时负。以不可预定方式变化着的误差称为随机误差，有时也称为偶然误差。当测量次数很多时，随机误差就显示出明显的规律性。实践和理论都已证明，随机误差服从一定的统计规律（正态分布），其特点是：绝对值小的误差出现的概率比绝对值大的误差出现的概率大（单峰性）；绝对值相等的正、负误差出现的概率相同（对称性）；绝对值很大的误差出现的概率趋于零（有界性）；误差的算术平均值随着测量次数的增加而趋于零（抵偿性）。因此，增加测量次数可以减小随机误差，但不能完全消除随机误差。

引起随机误差的原因有很多：仪器显示数值的估计读数位偏大或偏小；仪器调节平衡时，平衡点确定不准；测量环境扰动变化及其他不能预测、不能控制的因素，如空间电磁场的干扰、电源电压波动引起测量的变化等。

由测量者过失，如实验方法不合理、用错仪器、操作不当、读错数值或记错数据等引起的误差，是一种人为的过失误差，不属于测量误差。只要测量者以严肃认真的态度进行测量，过失误差是可以避免的。

5. 测量的精密度、准确度和精确度

测量的精密度、准确度和精确度都是评价测量结果的术语，但目前使用时其含义并不完全一致，以下介绍较为普遍的含义。

测量精密度表示在同样测量条件下，对同一物理量进行多次测量，所得结果彼此间相互接近的程度，即测量结果的重复性、测量数据的弥散程度，因而测量精密度是测量随机误差的反映。测量精密度高，则随机误差小，但系统误差的大小不明确。

测量准确度表示测量结果与真值接近的程度，因而它是系统误差的反映。测量准确度高，则测量数据的算术平均值偏离真值的程度较小，测量的系统误差小，但数据较分散，偶然误差的大小不确定。

测量精确度则是对测量的偶然误差及系统误差的综合评定。精确度高，测量数据较集中在真值附近，测量的偶然误差及系统误差都比较小。

6. 随机误差的估算

对某一物理量进行多次重复测量，其测量结果服从一定的统计规律——正态分布（或高斯分布）。我们用描述高斯分布的两个参量（x 和 σ）来估算随机误差。设在一组测量值中，n 次测量的值分别为 x_1，x_2，$\cdots$，x_n。

1）算术平均值

根据最小二乘法原理，多次测量的算术平均值

$$\bar{x} = \frac{1}{n} \sum_{i=1}^{n} x_i \tag{1.4}$$

是被测量真值 x_0 的最佳估计值。$\bar{x}$ 称为近似真实值，以后我们将用 $\bar{x}$ 来表示多次测量的近似真实值。

2）标准偏差

误差理论证明，平均值的标准偏差为

$$S_x = \sigma_x = \sqrt{\frac{\sum_{i=1}^{n}(x_i - \bar{x})^2}{n-1}} \quad （贝塞尔公式） \tag{1.5}$$

其意义是某次测量值的随机误差在 $-\sigma_x \sim +\sigma_x$ 的概率为 68.3%。

3）算术平均值的标准偏差

当测量次数 n 有限时，其算术平均值的标准偏差为

$$\sigma_{\bar{x}} = \frac{\sigma_x}{\sqrt{n}} = \sqrt{\frac{\sum_{i=1}^{n}(x_i - \bar{x})^2}{n(n-1)}} \tag{1.6}$$

其意义是测量平均值的随机误差在 $-\sigma_{\bar{x}} \sim +\sigma_{\bar{x}}$ 的概率为 68.3%。或者说，被测量的真值在 $(\bar{x} - \sigma_{\bar{x}}) \sim (\bar{x} + \sigma_{\bar{x}})$ 范围内的概率为 68.3%。因此 $\sigma_{\bar{x}}$ 反映了平均值接近真值的程度。

标准偏差 σ_x 小，表示测量值密集，即测量的精密度高；标准偏差 σ_x 大，表示测量值分散，即测量的精密度低。估计随机误差还有用算术平均误差、$2\sigma_x$、$3\sigma_x$ 等其他方法来表示的。

4）异常数据的剔除

剔除测量列中异常数据的准则有 $3\sigma_x$ 准则、肖维准则、格拉布斯准则等。

（1）$3\sigma_x$ 准则。统计理论表明，测量值的偏差超过 $3\sigma_x$ 的概率已小于 1%。因此，可以认为偏差超过 $3\sigma_x$ 的测量值是由其他因素或过失造成的，为异常数据，应当剔除。剔除的方法是对多次测量所得的一系列数据，算出各测量值的偏差 Δx_i 和标准偏差 σ_x，把其中最大的 Δx_i 与 $3\sigma_x$ 进行比较，若 $\Delta x_i > 3\sigma_x$，则认为第 j 个测量值是异常数据，舍去不计。剔除 x_j 后，对余下的各测量值重新计算偏差和标准偏差，并继续审查，直到各个偏差均小于 $3\sigma_x$ 为止。

（2）肖维准则。假定对一物理量重复测量了 n 次，其中某一数据在这 n 次测量中出

现的概率不到半次，即小于 $\dfrac{1}{2n}$，则可以肯定这个数据是不合理的，应当予以剔除。

根据肖维准则，应用随机误差的统计理论可以证明，在标准误差为 σ 的测量列中，若某一个测量值的偏差等于或大于误差的极限值 K_σ，则此值应当剔除。不同测量次数的误差极限值 K_σ 列于表 1.1 中。

表 1.1　肖维系数表

n	K_σ	n	K_σ	n	K_σ
4	1.53σ	10	1.96σ	16	2.16σ
5	1.65σ	11	2.00σ	17	2.18σ
6	1.73σ	12	2.04σ	18	2.20σ
7	1.79σ	13	2.07σ	19	2.22σ
8	1.86σ	14	2.10σ	20	2.24σ
9	1.92σ	15	2.13σ	30	2.39σ

（3）格拉布斯（Grubbs）准则。若有一组测量得出的数值，其中某次测量得出数值的偏差的绝对值 $|\Delta x_i|$ 与该组测量值的标准偏差 σ_x 之比大于某一阈值 $g_0(n,1-p)$，即

$$|\Delta x_i| > g_0(n, 1-p)\,\sigma_x \tag{1.7}$$

则认为此测量值中有异常数据，并可予以剔除。这里 $g_0(n,1-p)$ 中的 n 为测量数据的个数，p 为服从此分布的置信概率。一般取 p 为 0.95 和 0.99（至于在处理具体问题时究竟取哪个值，则由实验者自己来决定）。我们将在表 1.2 中给出 $p=0.95$ 和 $p=0.99$ 时或 $1-p=0.05$ 和 $1-p=0.01$ 时，对不同的 n 值所对应的 g_0 值。

表 1.2　$g_0(n,1-p)$ 值表

n	$1-p$		n	$1-p$	
	0.05	0.01		0.05	0.01
3	1.15	1.15	17	2.48	2.78
4	1.46	1.49	18	2.50	2.82
5	1.67	1.75	19	2.53	2.85
6	1.82	1.94	20	2.56	2.88
7	1.94	2.10	21	2.58	2.91
8	2.03	2.22	22	2.60	2.94
9	2.11	2.32	23	2.62	2.96
10	2.18	2.41	24	2.64	2.99
11	2.23	2.48	25	2.66	3.01
12	2.28	2.55	30	2.74	3.10
13	2.33	2.61	35	2.81	3.18
14	2.37	2.66	40	2.87	3.24
15	2.41	2.70	45	2.91	3.29
16	2.44	2.75	50	2.96	3.34

1.2　测量结果的评定和不确定度

测量的目的是不但要测量被测量的近似值，而且要对近似真实值的可靠性作出评定（即指出误差范围），这就要求我们必须掌握不确定度的有关概念。下面将结合对测量结果的评定，对不确定度的概念、分类、合成等问题进行讨论。

1.　不确定度的概念

在物理实验中，常常要对测量结果作出综合评定，因此引入不确定度的概念。不确定度是误差可能数值的测量程度，表征所得测量结果代表被测量的程度，也就是因测量误差存在而对被测量不能肯定的程度，因而是测量质量的表征。对一个物理实验的具体数据来说，不确定度是指测量值（近似真实值）附近的一个范围，测量值与真值之差（误差）可能落于其中。不确定度小，测量结果可信赖程度高；不确定度大，测量结果可信赖程度低。在实验和测量工作中，因为误差是未知的，不可能用指出误差的方法去说明可信赖程度，而只能用误差的某种可能的数值去说明可信赖程度，所以不确定度更能表示测量结果的性质和测量的质量。用不确定度评定实验结果的误差，其中包含了各种来源的误差对结果的影响，而它们的计算又反映了这些误差所服从的分布规律，这更准确地表述了测量结果的可靠程度，因而有必要采用不确定度的概念。

2.　测量结果的表示与合成不确定度

在做物理实验时，要求表示出测量的最终结果。在这个结果中既要包含被测量的近似真实值 $\bar{x}$，又要包含测量结果的不确定度 σ，还要反映出物理量的单位，因此，要写成标准表达形式，即

$$x=\bar{x}\pm\sigma\quad（单位）\tag{1.8}$$

式中，x 为被测量；$\bar{x}$ 为测量的近似真实值；σ 为合成不确定度，一般保留一位有效数字。这种表达形式反映了三个基本要素：测量值、合成不确定度和单位。

在物理实验中，直接测量时若不需要对被测量进行系统误差的修正，一般就取多次测量的算术平均值 $\bar{x}$ 作为近似真实值；有时在实验中只需测一次或只能测一次，该次测量值就是被测量的近似真实值。如果要求对被测量进行一定系统误差的修正，通常是将一定系统误差（即绝对值和符号都确定的可估计出的误差分量）从算术平均值 $\bar{x}$ 或一次测量值中减去，从而求得被修正后的直接测量结果的近似真实值。例如，用螺旋测微器来测量长度时，从测量结果中减去螺旋测微器的零误差。在间接测量中，$\bar{x}$ 即为被测量的计算值。

在测量结果的标准表达式中，给出了一个范围 $(\bar{x}-\sigma)\sim(\bar{x}+\sigma)$，它表示被测量的真值在 $(\bar{x}-\sigma)\sim(\bar{x}+\sigma)$ 内的概率为 68.3%，不要误认为真值一定就会落在 $(\bar{x}-\sigma)\sim(\bar{x}+\sigma)$ 范围内。

在上述的标准表达式中，近似真实值、合成不确定度、单位三个要素缺一不可，否则就不能全面表达测量结果。同时，近似真实值 $\bar{x}$ 的末位数应该与不确定度的所在位数对齐，近似真实值 $\bar{x}$ 与不确定度 σ 的数量级、单位要相同。在开始实验时，测量结果的

正确表示是一个难点，要引起重视。

在不确定度的合成问题中，主要是从系统误差和随机误差等方面进行综合考虑，提出了统计不确定度和非统计不确定度的概念。合成不确定度 σ 由不确定度的两类分量（A 类和 B 类）求"方和根"计算而得。为使问题简化，本书只讨论简单情况（即 A 类、B 类分量保持各自独立变化，互不相关）下的合成不确定度。

A 类不确定度（统计不确定度）用 S_x 表示，B 类不确定度（非统计不确定度）用 σ_B 表示，合成不确定度为

$$\sigma = \sqrt{S_x^2 + \sigma_B^2} \tag{1.9}$$

3. 合成不确定度的两类分量

物理实验中的不确定度，一般主要来源于测量方法、测量人员、环境波动、测量对象变化等。计算不确定度是将可修正的系统误差修正后，将各种来源的误差按计算方法分为两类，即用统计方法计算的不确定度（A 类）和非统计方法计算的不确定度（B 类）。

1）A 类不确定度

统计不确定度，是指可以采用统计方法（即具有随机误差性质）计算的不确定度，如测量读数具有分散性、测量时温度波动影响等。这类统计不确定度通常服从正态分布规律，因此可以像计算标准偏差那样，用贝塞尔公式计算被测量的 A 类不确定度。A 类不确定度 S_x 为

$$S_x = \sqrt{\frac{\sum\limits_{i=1}^{n}(x_i - \bar{x})^2}{n-1}} = \sqrt{\frac{\sum\limits_{i=1}^{n}\Delta x_i^2}{n-1}} \tag{1.10}$$

式中，$i = 1, 2, 3, \cdots, n$，表示测量次数。

在计算 A 类不确定度时，也可以用最大偏差法、极差法、最小二乘法等，本书只采用贝塞尔公式法，并且着重讨论读数分散对应的不确定度。用贝塞尔公式计算 A 类不确定度，可以用函数计算器计算，十分方便。

2）B 类不确定度

非统计不确定度，是指用非统计方法求出或评定的不确定度，如实验室中的测量仪器不准确、量具磨损老化等所导致的不确定度。评定 B 类不确定度常用估计方法，要估计适当，需要确定分布规律，同时要参照标准，更需要估计者的实践经验、学识水平等。本书对 B 类不确定度的估计同样只做简化处理。仪器不准确的程度主要用仪器误差来表示，由仪器不准确导致的 B 类不确定度为

$$\sigma_B = \Delta_{仪} \tag{1.11}$$

$\Delta_{仪}$ 为仪器误差或仪器的基本误差，或允许误差，或显示数值误差。一般的仪器说明书中都以某种方式注明仪器误差，它是制造厂或计量检定部门给定的。物理实验教学中，仪器误差由实验室提供。对于单次测量的随机误差，一般以最大误差进行估计，以下分两种情况处理。

已知仪器准确度时，可以其准确度作为误差。例如，一个量程 150mA、准确度 0.2 级的电流表，测某一次电流，读数为 131.2mA。为估计其误差，则按准确度 0.2 级可算出最大绝对误差为 0.3mA，因而该次测量的结果可写成 $I = (131.2 \pm 0.3)$ mA。又如，

用物理天平称量某个物体的质量，当天平平衡时砝码质量为 145.02g，让游码在天平横梁上偏离平衡位置一个刻度（相当于 0.05g），天平指针偏过 1.8 分度（div），则该天平这时的灵敏度为（1.8÷0.05）div/g，其感量为 0.03g/div，就是该天平称量物体质量时的准确度，测量结果可写成 $P=(145.02\pm0.03)$g。

未知仪器准确度时，单次测量误差的估计，应根据所用仪器的精密度、仪器灵敏度、测试者感觉器官的分辨能力及观测时的环境条件等因素具体考虑，以使估计误差尽可能符合实际情况。一般来说，最大读数误差，对连续读数的仪器可取仪器最小刻度值的一半；而无法进行估计的非连续读数的仪器，如数字式仪表，则取其最末位数的一个最小单位。

4. 直接测量的不确定度

在对直接测量的不确定度的合成问题中，对 A 类不确定度主要讨论在多次等精度测量条件下，读数分散对应的不确定度，并且用贝塞尔公式计算 A 类不确定度。对 B 类不确定度，主要讨论仪器不准确对应的不确定度，将测量结果写成标准形式。因此，实验结果的获得，应包括被测量近似真实值的确定，A、B 两类不确定度以及合成不确定度的计算。增加重复测量次数对于减小平均值的标准误差、提高测量的精密度有利。但是当次数增大时，平均值的标准误差减小渐为缓慢；当次数大于 10 时，平均值的减小便不明显了。通常取测量次数为 5～10。下面通过两个例子加以说明。

例 1.1 采用感为 0.1g 的物理天平称量某物体的质量，其读数值为 35.41g，求物体质量的测量结果。

解：采用物理天平称量物体的质量，重复测量读数值往往相同，故一般只须进行单次测量即可。单次测量的读数即为近似真实值，$m=35.41$g。

物理天平的"示值误差"通常取感量的一半，并且作为仪器误差，即

$$\sigma_B=\Delta_{仪}=0.05\text{g}=\sigma$$

测量结果为

$$m=(35.41\pm0.05)\text{g}$$

在例 1.1 中，因为是单次测量（$n=1$），合成不确定度 $\sigma=\sqrt{S_x^2+\sigma_B^2}$ 中的 $S_x=0$，所以 $\sigma=\sigma_B$，即单次测量的合成不确定度等于非统计不确定度。但是这个结论并不表明单次测量的 σ 就小，因为 $n=1$ 时，S_x 发散，其随机分布特征是客观存在的。测量次数 n 越大，置信概率就越高，因而测量的平均值就越接近真值。

例 1.2 用螺旋测微器测量小钢球的直径，5 次的测量值（单位：mm）分别为

$$11.922, \quad 11.923, \quad 11.922, \quad 11.922, \quad 11.922$$

螺旋测微器的最小分度值为 0.01mm，试写出测量结果的标准式。

解：（1）求直径 d 的算术平均值。

$$\bar{d}=\frac{1}{n}\sum_{i=1}^{5}d_i=\frac{1}{5}(11.922+11.923+11.922+11.922+11.922)(\text{mm})$$
$$\approx11.922(\text{mm})$$

（2）计算 B 类不确定度。螺旋测微器的仪器误差为 $\Delta_{仪}=0.005$mm，则

$$\sigma_B=\Delta_{仪}=0.005 \quad (\text{mm})$$

（3）计算 A 类不确定度。

$$S_d = \sqrt{\frac{\sum_{i=1}^{5}(d_i-\bar{d})^2}{n-1}}$$

$$= \sqrt{\frac{(11.922-11.922)^2+(11.923-11.922)^2+\cdots}{5-1}}\,(mm)$$

$$\approx 0.0005\,(mm)$$

（4）计算合成不确定度。

$$\sigma = \sqrt{S_d^2+\sigma_B^2} = \sqrt{0.0005^2+0.005^2}\,(mm)$$

式中，由于 $0.0005 < \frac{1}{3}\times0.005$，故可略去 S_d，于是有

$$\sigma = 0.005\,(mm)$$

故测量结果为

$$d = \bar{d}\pm\sigma = (11.922\pm0.005)\,(mm)$$

从例 1.2 中可以看出，当有些不确定度分量的数值很小时，可以略去不计。在计算合成不确定度中求"方和根"时，若某一平方值小于另一平方值的 $\frac{1}{9}$，则这一项就可以略去不计。这一结论称为微小误差准则。在进行数据处理时，利用微小误差准则可减少不必要的计算。不确定度的计算结果，一般应保留一位有效数字，多余的位数按有效数字的修约原则进行取舍。评价测量结果时，有时候需要引入相对不确定度的概念。相对不确定度定义为

$$E_x = \frac{\sigma(x)}{\bar{x}}\times100\% \tag{1.12}$$

E_x 的结果一般应取两位有效数字。此外，有时候还需要将测量结果的近似真实值 $\bar{x}$ 与公认值 $x_公$ 进行比较，得到测量结果的百分偏差 B。百分偏差定义为

$$B = \frac{|\bar{x}-x_公|}{x_公}\times100\% \tag{1.13}$$

百分偏差的结果一般应取两位有效数字。

5. 间接测量结果的合成不确定度

间接测量量的近似真实值和合成不确定度是由直接测量结果通过函数式计算出来的，既然直接测量有误差，那么间接测量也必有误差，这就是误差的传递。由直接测量值及其误差来计算间接测量值的误差的关系式称为误差的传递公式。设间接测量的函数式为

$$N = F(x, y, z, \cdots) \tag{1.14}$$

式中，N 为间接测量的物理量，它有 K 个直接测量的物理量 x，y，z，$\cdots$，各直接测量量的测量结果分别为

$$x = \bar{x} \pm \sigma_x .$$
$$y = \bar{y} \pm \sigma_y$$
$$z = \bar{z} \pm \sigma_z$$

（1）若将各个直接测量量的近似真实值 $\bar{x}$ 代入函数表达式中，即可得到间接测量的近似真实值。

$$\overline{N} = F(\bar{x}, \bar{y}, \bar{z}, \cdots) \tag{1.15}$$

（2）求间接测量的合成不确定度，由于不确定度均为微小量，类似于数学中的微小增量，对函数式 $N = F(x, y, z, \cdots)$ 求全微分，即得

$$dN = \frac{\partial F}{\partial x} dx + \frac{\partial F}{\partial y} dy + \frac{\partial F}{\partial z} dz + \cdots \tag{1.16}$$

式中，dN，dx，dy，dz，$\cdots$均为微小量，代表各变量的微小变化，dN 的变化由各自变量的变化决定；$\dfrac{\partial F}{\partial x}$，$\dfrac{\partial F}{\partial y}$，$\dfrac{\partial F}{\partial z}$，$\cdots$为函数对自变量的偏导数，记为 $\dfrac{\partial F}{\partial A_K}$。将上面全微分式中的微分符号 d 改写为不确定度符号 σ，并将微分式中的各项求"方和根"，即为间接测量的合成不确定度。

$$\sigma_N = \sqrt{\left(\frac{\partial F}{\partial x}\sigma_x\right)^2 + \left(\frac{\partial F}{\partial y}\sigma_y\right)^2 + \left(\frac{\partial F}{\partial z}\sigma_z\right)^2} = \sqrt{\sum_{i=1}^{K}\left(\frac{\partial F}{\partial A_K}\sigma_{A_K}\right)^2} \tag{1.17}$$

式中，K 为直接测量量的个数；A 代表 x，y，z，$\cdots$各个自变量（直接测量量）。

式（1.17）表明，间接测量的函数式确定后，测出它所包含的直接测量量的结果，将各个直接测量量的不确定度 σ_{AK} 乘以函数对各变量（直接测量量）的偏导数 $\left(\dfrac{\partial F}{\partial A_K}\sigma_{A_K}\right)$，求"方和根"，即 $\sqrt{\sum\limits_{i=1}^{K}\left(\dfrac{\partial F}{\partial A_K}\sigma_{A_K}\right)^2}$ 就是间接测量结果的不确定度。

（3）当间接测量的函数表达式为积和商（或含和差的积商形式）的形式时，为了使运算简便，可以先将函数式两边同时取自然对数，然后再求全微分，即

$$\frac{dN}{N} = \frac{\partial \ln F}{\partial x} dx + \frac{\partial \ln F}{\partial y} dy + \frac{\partial \ln F}{\partial z} dz + \cdots \tag{1.18}$$

同样改写微分符号为不确定度符号，再求其"方和根"，即为间接测量的相对不确定度 E_N，即

$$E_N = \frac{\sigma_N}{\overline{N}} = \sqrt{\left(\frac{\partial \ln F}{\partial x}\sigma_x\right)^2 + \left(\frac{\partial \ln F}{\partial y}\sigma_y\right)^2 + \left(\frac{\partial \ln F}{\partial z}\sigma_z\right)^2}$$
$$= \sqrt{\sum_{i=1}^{k}\left(\frac{\partial \ln F}{\partial A_K}\sigma_{A_K}\right)^2} \tag{1.19}$$

已知 E_N、$\overline{N}$，由式（1.12）可以求出合成不确定度

$$\sigma_N = \overline{N} \cdot E_N \tag{1.20}$$

这样计算间接测量的统计不确定度时，特别对函数表达式很复杂的情况，尤其能显

示出它的优越性。今后在计算间接测量的不确定度时，若函数表达式仅为"和差"形式，可以直接利用式（1.17），求出间接测量的合成不确定度 σ_N；若函数表达式为积和商（或积、商、和、差混合）等较为复杂的形式，可直接采用式（1.19），先求出相对不确定度，再求出合成不确定度 σ_N。

例 1.3 已知电阻 $R_1=(50.2\pm0.5)\,\Omega$，$R_2=(149.8\pm0.5)\,\Omega$，求它们串联的电阻 R 和合成不确定度 σ_R。

解：串联电阻的阻值为

$$R=R_1+R_2=50.2+149.8=200.0\,（\Omega）$$

合成不确定度

$$\sigma_R=\sqrt{\sum_{i=1}^{2}\left(\frac{\partial R}{\partial R_i}\sigma_{Ri}\right)^2}=\sqrt{\left(\frac{\partial R}{\partial R_1}\sigma_1\right)^2+\left(\frac{\partial R}{\partial R_2}\sigma_2\right)^2}$$
$$=\sqrt{\sigma_1^2+\sigma_2^2}=\sqrt{0.5^2+0.5^2}\approx0.7(\Omega)$$

相对不确定度

$$E_R=\frac{\sigma_R}{R}=\frac{0.7}{200.0}\times100\%=0.35\%$$

测量结果为

$$R=(200.0\pm0.7)\Omega$$

在例 1.3 中，由于 $\frac{\partial R}{\partial R_1}=1$，$\frac{\partial R}{\partial R_2}=1$，$R$ 的总合成不确定度为各个直接测量量的不确定度平方求和后再开方。

间接测量的不确定度计算结果一般应保留一位有效数字，相对不确定度一般应保留两位有效数字。

间接测量结果的误差，常用两种方法来估计：算术合成（最大误差法）和几何合成（标准误差）。误差的算术合成是将各误差取绝对值后相加，是从最不利的情况考虑。误差合成的结果是间接测量的最大误差，比较粗略，但计算较为简单。它常用于误差分析、实验设计或粗略的误差计算中。例 1.3 采用几何合成的方法，计算较麻烦，但误差的几何合成较为合理。

1.3 有效数字及其运算法则

物理实验中经常要记录很多测量数据，这些数据应当是能反映被测量实际大小的全部数字，即有效数字。但是在实验观测、读数、运算与最后得出的结果中，哪些是能反映被测量实际大小的数字，应予以保留，哪些不应当保留，这就与有效数字及其运算法则有关。前面已经指出，测量不可能得到被测量的真实值，只能是近似值。实验数据反映了近似值的大小，并且在某种程度上表明了误差。因此，有效数字是对测量结果的一种准确表示，它应当是有意义的数码，而不允许无意义的数字存在。如果把测量结果写成 (54.2817 ± 0.05) cm 是错误的，由不确定度 0.05cm 可以得知，数据的第二位小数 0.08 已不可靠，把它后面的数字写出来也没有多大意义，正确的写法应当是 (54.28 ± 0.05) cm。

测量结果的正确表示，对初学者来说是一个难点，必须加以重视。

1. 有效数字的概念

任何一个物理量，其测量的结果都或多或少有误差，那么一个物理量的数值就不应当无限写下去，写多了没有实际意义，写少了又不能比较真实地表达物理量。因此，一个物理量的数值和数学上的某一个数就有不同的意义，这就引入了有效数字的概念。若用最小分度值为 1mm 的米尺测量物体的长度，读数值为 5.63cm。其中 5 和 6 这两个数字是从米尺的刻度上准确读出的，可以认为是准确的，称为可靠数字。末位数字 3 是在米尺最小分度值的下一位上估计出来的，是不准确的，称为欠准数字。虽然欠准数字不太准确，但是是有意义的，显然有一位欠准数字，就使测量值更接近真实值，更能反映客观实际。因此，测量值保留到这一位是合理的，即使估计数是 0，也不能舍去。测量结果应当而且也只能保留一位欠准数字，故测量数据的有效数字定义为几位可靠数字加上一位欠准数字。有效数字的个数称为有效数字的位数，如上述的 5.63cm 称为三位有效数字。

有效数字的位数与十进制单位的变换无关，即与小数点的位置无关。因此，用以表示小数点位置的 0 不是有效数字。当 0 不是表示小数点位置时，0 和其他数字具有同等地位，都是有效数字。显然，在确定有效数字的位数时，第一个不为零的数字左面的零不能算有效数字的位数，而第一个不为零的数字右面的零一定要算作有效数字的位数。如 0.0135m 是三位有效数字，0.0135m 和 1.35cm 及 13.5mm 三者是等效的，只不过是分别采用了米、厘米和毫米作为长度的单位；1.030m 是四位有效数字。从有效数字也可以看出测量用具的最小刻度值，如 0.0135m 是用最小刻度为毫米的尺子测量的，而 1.030m 是用最小刻度为厘米的尺子测量的。因此，正确掌握有效数字的概念对做好物理实验是十分必要的。

2. 直接测量的有效数字记录

物理实验中通常仪器上显示的数字均为有效数字（包括最后一位估计读数），都应读出，并记录下来。仪器上显示的最后一位数字是 0 时，此 0 也要读出并记录。对于有分度的仪表，读数要根据人眼的分辨能力读到最小分度的十分之几。在记录直接测量的有效数字时，常用一种称为标准式的写法，就是任何数值都只写出有效数字，而数量级则用 10 的 n 次幂的形式表示。

（1）根据有效数字的规定，测量值的最末一位一定是欠准数字，这一位应与仪器误差的位数对齐，仪器误差在哪一位发生，测量数据的欠准数字就记录到哪一位，不能多记，也不能少记，即使估计数字是 0，也必须写上，否则与有效数字的规定不相符。例如，用米尺测量物体的长度为 52.4mm，52.4mm 与 52.40mm 是两个不同的测量值，是属于不同仪器测量的两个值，误差不相同，不能将它们等同看待；从这两个值可以看出测量前者的仪器精度低，测量后者的仪器精度比测量前者仪器高出一个数量级。

（2）根据有效数字的规定，凡是仪器上读出的数值，有效数字中间与末位的 0，均应算作有效位数。例如，6.003cm、4.100cm 均是四位有效数字。在记录数据中，有时因定位需要，而在小数点前添加 0，这不应算作有效位数，如 0.0486m 是三位有效数字而不是四位有效数字。0 有时算作有效数字，有时不能算作有效数字，这对初学者也是一个难点，要正确理解有效数字的规定。

（3）根据有效数字的规定，在十进制单位换算中，其测量数据的有效位数不变，如 4.51cm 若以米或毫米为单位，可以表示成 0.0451m 或 45.1mm，这两个数仍然是三位有效数字。为了避免单位换算中位数很多时写一长串，或计数时出现错位，常采用科学表达式，通常是在小数点前保留一位整数，用 10^n 表示，如 4.51×10^2m、4.51×10^4cm 等，这样既简单明了，又便于计算和确定有效数字的位数。

（4）根据有效数字的规定对有效数字进行记录时，直接测量结果的有效位数的多少，取决于被测物本身的大小和所使用仪器的精度。对同一个被测物，高精度的仪器，测量的有效位数多；低精度的仪器，测量的有效位数少。例如，长度约为 3.7cm 的物体，若用最小分度值为 1mm 的米尺测量，其数据为 3.70cm；若用螺旋测微器测量（最小分度值为 0.01mm），其测量值为 3.7000cm。显然，螺旋测微器的精度较米尺高很多，所以测量结果的位数也多。若被测物是较小的物体，测量结果的有效位数也少。对一个实际测量值，正确应用有效数字的规定进行记录，就可以从测量值的有效数字记录中看出测量仪器的精度。

3. 有效数字的运算法则

在进行有效数字计算时，参加运算的分量可能很多。各分量数值的大小及有效数字的位数也不相同，而且在运算过程中，有效数字的位数会越乘越多，除不尽时有效数字的位数会无限多。即便使用计算器，也会遇到中间数的取位问题以及如何更简洁的问题。测量结果的有效数字，只允许保留一位欠准数字，直接测量是如此，间接测量的计算结果也是如此。根据这一原则，为了做到：①不因计算而引进误差，影响结果；②尽量简洁，不做徒劳的运算，约定下列规则：

1）加法或减法运算

大量计算表明，若干个数进行加法或减法运算，其和或者差的结果的欠准数字的位置与参与运算各个量中的欠准数字的位置最高者相同。由此得出结论，几个数进行加法或减法运算时，可先将多余数修约，将应保留的欠准数字的位数多保留一位进行运算，最后结果按保留一位欠准数字进行取舍。这样可以简化数字计算。

$$478.\underline{2}+3.4\underline{62}=481.\underline{662}=481.\underline{7}$$
$$49.2\underline{7}-3.\underline{4}=45.8\underline{7}=45.\underline{9}$$

推论 1：若干个直接测量值进行加法或减法计算时，选用精度相同的仪器最为合理。

2）乘法和除法运算

先来看以下例子：

$$834.\underline{5} \times 23.\underline{9}=199\underline{44.55}=1.99 \times 10^4$$
$$2569.\underline{4} \div 19.\underline{5}=13\underline{1}.\underline{7641} \cdots =1.3\underline{2}$$

由此得出结论：用有效数字进行乘法或除法运算时，乘积或商的结果的有效数字的位数与参与运算的各个量中有效数字的位数最少者相同。

推论 2：测量的若干个量，若是进行乘法、除法运算，应按照有效位数相同的原则来选择不同精度的仪器。

3）乘方和开方运算

先来看以下例子：

$$(7.32\underline{5})^2 = 53.6\underline{6}$$
$$\sqrt{32.\underline{8}} = 5.7\underline{3}$$

由此可见，乘方和开方运算的有效数字的位数与其底数的有效数字的位数相同。

4）三角函数、对数等函数值

测量值 x 的三角函数或对数的位数，可由 x 的函数值与 x 的末位增加 1 个单位后的函数值相比较而确定。例如：$x = 43°26'$，求 $\sin x$。

利用计算器求出

$$\sin 43°26' = 0.6875100985$$
$$\sin 43°27' = 0.6877213051$$

比较后应取

$$\sin 43°26' = 0.6875$$

5）自然数

自然数 1，2，3 等不是测量而得，不存在欠准数字。因此，其有效数字的位数可以视为无穷多位，书写也不必写出后面的 0，如 $D = 2R$，D 的位数仅由直接测量值 R 的位数决定。

6）无理常数

π，$\sqrt{2}$，$\sqrt{3}$ 等无理数也可以看成有很多位有效数字。例如 $L = 2\pi R$，若测量值 $R = 2.35 \times 10^{-1}$m，π 应取 3.142，则

$$L = 2 \times 3.142 \times 2.35 \times 10^{-2} = 1.48 \times 10^{-1} \text{（m）}$$

7）有效数字的修约

根据有效数字的运算规则，为使计算简化，在不影响最后结果应保留有效数字的位数（或欠准数字的位置）的前提下，可以在运算前、后对数据进行修约。其修约原则是"四舍六入五看右左"，五看右左即为五时看五后面为非零的数则入，若为零则往左看，拟留数的末位数为奇数则入，为偶数则舍，这一说法可以简述为五看右左。中间运算过程较结果要多保留一位有效数字。

1.4　实验数据的处理

物理实验中测量得到的许多数据需要处理后才能表示测量的最终结果。用简明而严格的方法把实验数据所代表的事物内在规律提炼出来就是数据处理。数据处理是指从获得数据起到得出结果为止的加工过程。数据处理包括记录、整理、计算、分析、拟合等。下面主要介绍列表法、作图法、图解法、最小二乘法、函数计算器法和软件法。

1. 列表法

列表法是记录数据的基本方法，可使实验结果一目了然，避免混乱和丢失数据，便于查对。将数据中的自变量、因变量的各个数值一一对应排列出来，可简单明了地表示出有关物理量之间的关系；检查测量结果是否合理，及时发现问题；有助于找出有关量之间的联系和建立经验公式，这就是列表法的优点。设计记录表格的要求如下。

（1）列表要简单明了，利于记录、运算处理数据和检查处理结果，便于一目了然地看出有关量之间的关系。

（2）列表要标明符号所代表的物理量的意义。表中各栏中的物理量都要用符号标明，并写出数据所代表物理量的单位，且量值的数量级要交代清楚。单位写在符号标题栏，不要重复记在各个数值上。

（3）列表的形式不限，根据具体情况，决定列出哪些项目。有些个别与项目联系不大的数可以不列入表内。除原始数据外，计算过程中的一些中间结果和最后结果也可以列入表中。

（4）表格记录的测量值和测量偏差，应正确反映所用仪器的精度，即正确反映测量结果的有效数字。一般记录表格还有序号和名称。

例如，要求测量圆柱体的体积，圆柱体高 H 和直径 D 的记录见表 1.3。

表 1.3　圆柱体高 H 和直径 D 的记录　　　　　　单位：mm

测量次数 i	H_i	ΔH_i	D_i	ΔD_i
1	35.32	−0.006	8.135	0.0003
2	35.30	−0.026	8.137	0.0023
3	35.32	−0.006	8.136	0.0013
4	35.34	0.014	8.133	−0.0017
5	35.30	−0.026	8.132	−0.0027
6	35.34	0.014	8.135	0.0003
7	35.38	0.054	8.134	−0.0007
8	35.30	−0.026	8.136	0.0013
9	35.34	0.014	8.135	0.0003
10	35.32	−0.006	8.134	−0.0007
平均	35.326	—	8.1347	—

注：ΔH_i 是测量值 H_i 的偏差；ΔD_i 是测量值 D_i 的偏差；H_i 是用精度为 0.02mm 的游标卡尺测量的，其仪器误差 $\Delta_仪$=0.02mm；D_i 是用精度为 0.01mm 的螺旋测微器测量的，其仪器误差 $\Delta_仪$=0.005mm。

由表 1.3 中所列数据，可计算出高、直径和圆柱体体积的测量结果（近似真实值和合成不确定度）：

$$H=（35.33\pm0.02）mm$$
$$D=（8.135\pm0.005）mm$$
$$V=（1.836\pm0.003）\times10^3mm^3$$

2. 作图法

作图法是数据处理的常用方法之一，它能直观地显示物理量之间的对应关系，揭示物理量之间的联系。作图法是在现有的坐标纸上将实验数据用几何图形表示出来，用图形描述各物理量之间的关系。作图法的优点是直观、形象，便于比较、研究实验结果，求出某些物理量，建立关系式等。为了能够清楚地反映物理现象的变化规律，并能比较准确地确定有关物理量的量值或求出有关常数，使用作图法要注意以下几点：

（1）作图一定要用坐标纸。当确定了作图的参量以后，根据函数关系选用直角坐标纸、单对数坐标纸、双对数坐标纸、极坐标纸等，本书主要采用直角坐标纸。

（2）坐标纸的大小及坐标轴的比例应当根据所测得的有效数字和结果的需要来确定。原则上数据中的可靠数字在图中应当标出，数据中的欠准数字在图中应当是估计的。要适当选择 X 轴和 Y 轴的比例和坐标比例，使所绘制的图形充分占用图纸空间，不要缩在一边或一角。坐标轴比例的选取一般间隔 1、2、5、10 等，这便于读数或计算。除特殊需要外，数值的起点一般不必从零开始。X 轴和 Y 轴可以采用不同的比例，使作出的图形大体上能充满整个坐标纸，图形布局美观、合理。

（3）标明坐标轴。对直角坐标系，一般以自变量为横轴，因变量为纵轴，采用粗实线描出坐标轴，并用箭头标示出方向，注明所示物理量的名称和单位。坐标轴上标明所用测量仪器的最小分度值，并要注意有效数字的位数。

（4）描点。根据测量数据，用直尺和笔尖使其函数对应的实验数据点准确地落在相应的位置。一张图纸上同一坐标系下不同曲线用不同的符号如"＋""○""△"等标出，如图 1.1 所示，以免混淆。

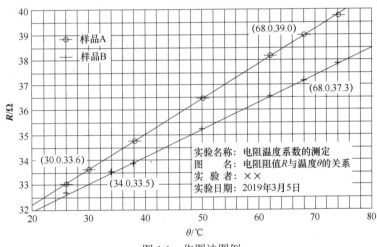

图 1.1　作图法图例

（5）连线。将不同函数关系对应的实验数据点连成直线或光滑的曲线或折线，连线必须用直尺或曲线板，如校准曲线中的数据点必须连成折线。由于每个实验数据都有一定的误差，所以将实验数据点连成直线或光滑曲线时，绘制的图线不一定通过所有的点。这时应使数据点均匀分布在图线的两侧，尽可能使直线两侧所有点到直线的距离之和最小并且接近相等。有个别偏离直线较远的点应当应用异常数据的剔除中介绍的方法进行分析后决定是否舍去，原始数据点应保留在图中。在确信两物理量之间的关系是线性的，或所绘的实验数据点都在某一直线附近时，将实验数据点连成一直线。

（6）写图名。作完图后，在图纸下方或空白处，写上图的名称、作者和作图日期，有时还要附上简单的说明，如实验条件等，使读者一目了然。作图时，一般将纵轴代表的物理量写在前面，横轴代表的物理量写在后面，中间用"–"连接。

（7）将图纸贴在实验报告的适当位置，便于教师批阅实验报告。

作图法示例如图 1.2 所示。

3. 图解法

在物理实验中，实验图线作好以后，可以由图线求出经验公式。图解法就是根据实验数据作好的图线，用解析法找出相应的函数形式。实验中经常遇到的图线是直线、抛物线、双曲线、指数曲线、对数曲线。特别是当图线是直线时，采用此方法更为方便。

1）由实验图线建立经验公式的一般步骤

（1）根据解析几何知识判断图线的类型。

（2）由图线的类型判断公式的可能特点。

（3）利用半对数坐标纸、对数坐标纸或倒数坐标纸，把原曲线改为直线。

（4）确定常数，建立经验公式的形式，并用实验数据来检验所得公式的准确程度。

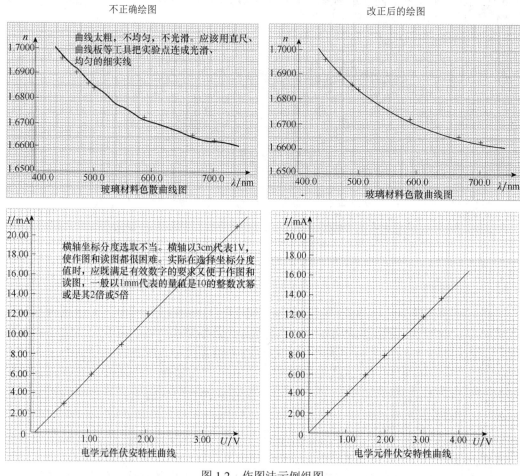

图 1.2　作图法示例组图

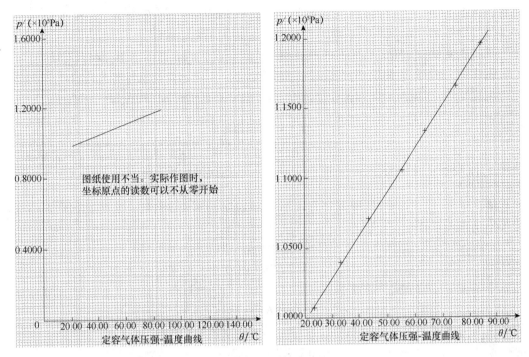

图 1.2（续）

2）用直线图解法求直线的方程

如果作出的实验图线是一条直线，则经验公式应为直线方程

$$y=kx+b \tag{1.21}$$

（1）斜率截距法。在图线上选取两点 $p_1(x_1,y_1)$ 和 $p_2(x_2,y_2)$，其坐标值最好是整数值。用特定的符号表示所取的点，与实验数据点相区别。一般不要取原实验数据点。所取的两点在实验范围内应尽量分开一些，以减小误差。由解析几何知，上述直线方程中，k 为直线的斜率，b 为直线的截距。k 可以根据两点的坐标求出：

$$k=\frac{y_2-y_1}{x_2-x_1} \tag{1.22}$$

其截距 b 为 $x=0$ 时的 y 值；若原实验中所绘制的图形并未给出 $x=0$ 段直线，可将直线用虚线延长交 y 轴，则可量出截距。如果起点不为零，也可以由式

$$b=\frac{x_2 y_1-x_1 y_2}{x_2-x_1} \tag{1.23}$$

求出截距，然后将斜率和截距的数值代入方程中就可以得到经验公式。

（2）端值求解法。在实验图线的直线两端取两点（但不能取原始数据点），分别得出它的坐标为 (x_1,y_1) 和 (x_2,y_2)，将坐标数值代入式（1.21）得

$$\begin{cases} y_1=kx_1+b \\ y_2=kx_2+b \end{cases} \tag{1.24}$$

联立两个方程求解得 k 和 b。

经验公式得出之后还要进行校验，校验的方法是：对于一个测量值 x_i，由经验公式

可写出一个 y_i 值，由实验测出一个 y'_i 值，其偏差 $\delta = y'_i - y_i$，若各个偏差之和 $\sum(y'_i - y_i)$ 趋于零，则经验公式就是正确的。

在实验问题中，有的实验并不需要建立经验公式，而仅需要求出 k 和 b 即可。

例 1.4　导体的电阻随温度变化的测量值如表 1.4 所示，试求经验公式 $R = f(\theta)$ 和电阻温度系数。（根据所测数据绘出 R-θ 图，求出直线的斜率和截距。）

表 1.4　实验数据

温度 θ/℃	19.1	25.0	30.1	36.0	40.0	45.1	50.0
电阻 R/μΩ	76.30	77.80	79.75	80.80	82.35	83.90	85.10

解： 根据所给数据利用数据处理软件（Origin）绘制 R-θ 图线，如图 1.3 所示，并拟合得出斜率 k 与截距 b 分别为

$$k = 0.288 \ (\mathrm{μΩ/℃})$$

$$b = 70.76 \ (\mathrm{μΩ})$$

于是可得经验公式

$$R = 70.76 + 0.288T$$

则该金属的电阻温度系数为

$$\alpha = \frac{k}{b} = \frac{0.288}{70.76} = 4.07 \times 10^{-3} (1/℃)$$

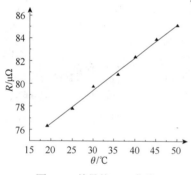

图 1.3　某导体 R-θ 曲线

（3）曲线改直，曲线方程的建立。在实验工作中，许多物理量之间的关系并不都是线性的，由曲线图直接建立经验公式一般是比较困难的，但仍可通过适当的变换而成为线性关系，即把曲线变换成直线，再利用建立直线方程的办法来解决问题。这种方法称为曲线改直。作这样的变换不仅是由于直线容易描绘，更重要的是直线的斜率和截距的物理内涵是我们所需要的。例如：

① $y = a \cdot x^b$，式中 a、b 为常量，可变换成 $\lg y = b\lg x + \lg a$，$\lg y$ 为 $\lg x$ 的线性函数，斜率为 b，截距为 $\lg a$。

② $y = a \cdot b^x$，式中 a、b 为常量，可变换成 $\lg y = (\lg b)x + \lg a$，$\lg y$ 为 x 的线性函数，斜率为 $\lg b$，截距为 $\lg a$。

③ $PV = C$，式中 C 为常量，要变换成 $P = C(1/V)$，P 是 $1/V$ 的线性函数，斜率为 C。

④ $y^2 = 2px$，式中 p 为常量，$y = \pm\sqrt{2p} \cdot x^{\frac{1}{2}}$，$y$ 是 $x^{\frac{1}{2}}$ 的线性函数，斜率为 $\pm\sqrt{2p}$。

⑤ $y = x/(a + bx)$，式中 a、b 为常量，可变换成 $\frac{1}{y} = a \cdot \frac{1}{x} + b$，$\frac{1}{y}$ 为 $\frac{1}{x}$ 的线性函数，斜率为 a，截距为 b。

例 1.5　阻尼振动实验中，测得每隔 $\frac{1}{2}$ 周期（$T = 3.11\mathrm{s}$）振幅 A 的数据如表 1.5 所示。

表 1.5　实验数据

$t/\left(\dfrac{T}{2}\right)$	0	1	2	3	4	5
$A/$格	60.0	31.0	15.2	8.0	4.2	2.2

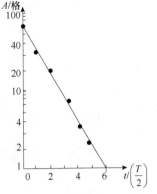

图 1.4　单对数坐标 A-t 曲线

解：用单对数坐标纸作图（单对数坐标纸的一个坐标是刻度不均匀的对数坐标，另一个坐标是刻度均匀的直角坐标），如图 1.4 所示，得一直线。对应的方程为

$$\ln A = -\beta t + \ln A_0 \qquad (1.25)$$

由直线上两点可求出其斜率 $-\beta$，注意 A 要取对数值，t 取图上标的数值，即

$$\beta = \frac{\ln 1 - \ln 60}{(6.2 - 0) \times \dfrac{3.11}{2}} \approx -0.43(1/s)$$

式（1.25）可改写为 $A = A_0 \mathrm{e}^{-\beta t}$，说明振动的振幅是按指数规律衰减的。单对数坐标绘图常用来检验函数是否满足指数关系。

4. 用最小二乘法求经验方程

作图法虽然在数据处理中是一个很便利的方法，但在图线的绘制上往往带有较大的随意性，所得的结果也常常因人而异，而且很难对它进行进一步的误差分析。为了克服这个缺点，在数理统计中研究了直线的拟合问题，常用一种以最小二乘法为基础的实验数据处理方法。由于某些曲线形的函数可以通过适当的数学变换而改写成直线方程，故这一方法也适用于某些曲线形的规律。下面就数据处理中的最小二乘法原理做一简单介绍。

可以从实验的数据求经验方程，这称为方程的回归问题。方程的回归首先要确定函数的形式，一般要根据理论的推断或从实验数据变化的趋势推测出来。如果推断出物理量 y 和 x 之间的关系是线性关系，则函数的形式可写为

$$y = B_0 + B_1 x$$

式中，B_0、B_1 均为参数。

如果推断出是指数关系，则写为

$$y = C_1 \mathrm{e}^{C_2 x} + C_3$$

式中，C_1、C_2、C_3 均为参数。

如果不能清楚地判断出函数的形式，则可用多项式来表示。

$$y = B_0 + B_1 x_1 + B_2 x_2 + \cdots + B_n x_n$$

式中，B_0，B_1，$\cdots$，B_n 均为参数。可以认为，方程的回归问题就是用实验数据来求出方程的待定参数。

用最小二乘法处理实验数据，可以求出上述待定参数。设 y 是变量 x_1，x_2，$\cdots$ 的函数，有 m 个待定参数 C_1，C_2，$\cdots$，C_m，即

$$y = f(C_1, C_2, \cdots, C_m; x_1, x_2, \cdots) \qquad (1.26)$$

对各个自变量 x_1，x_2，…和对应的因变量 y 进行 n 次观测得（x_{1i}，x_{2i}，…，y_i）（$i=1$，2，…，n）。于是 y 的观测值 y_i 与由方程所得计算值 y_0 的偏差为（y_i-y_0）（$i=1$，2，…，n）。

最小二乘法，就是要求上面的 n 个偏差在平方和最小的情况下，使函数 $y=f$（C_1，C_2，…，C_m；x_1，x_2，…）与观测值 y_1，y_2，…，y_n 最佳拟合，也就是参数应使

$$Q=\sum_{i=1}^{n}[y_i-f(C_1,C_2,\cdots,C_m;x_1,x_2,\cdots)]^2=最小值 \qquad (1.27)$$

由微分学的求极值方法可知，C_1，C_2，…，C_m 应满足下列方程组

$$\frac{\partial Q}{\partial C_i}=0 \ (i=1,2,\cdots,n) \qquad (1.28)$$

下面从一个最简单的情况来看怎样用最小二乘法确定参数。设已知函数形式是

$$y=a+bx \qquad (1.29)$$

这是一个一元线性回归方程，由实验测得自变量 x 与因变量 y 的数据是

$$x=x_1,x_2,\cdots,x_n$$
$$y=y_1,y_2,\cdots,y_n$$

由最小二乘法，a、b 应使

$$Q=\sum_{i=1}^{n}[y_i-(a+bx_i)]^2=最小值$$

Q 对 a 和 b 求偏微商，应等于零，即

$$\begin{cases}\frac{\partial Q}{\partial a}=-2\sum_{i=1}^{n}[y_i-(a+bx_i)]=0 \\ \frac{\partial Q}{\partial b}=-2\sum_{i=1}^{n}[y_i-(a+bx_i)]x_i=0\end{cases} \qquad (1.30)$$

由式（1.30）得

$$\begin{cases}\overline{y}-a-b\overline{x}=0 \\ \overline{xy}-a\overline{x}-b\overline{x^2}=0\end{cases} \qquad (1.31)$$

式中，$\overline{x}$ 表示 x 的平均值，即 $\overline{x}=\frac{1}{n}\sum_{i=1}^{n}x_i$；$\overline{y}$ 表示 y 的平均值，即 $\overline{y}=\frac{1}{n}\sum_{i=1}^{n}y_i$；$\overline{x^2}$ 表示 x^2 的平均值，即 $\overline{x^2}=\frac{1}{n}\sum_{i=1}^{n}x_i^2$；$\overline{xy}$ 表示 xy 的平均值，即 $\overline{xy}=\frac{1}{n}\sum_{i=1}^{n}x_iy_i$。

解方程组（1.31）得

$$b=\frac{\overline{x}\,\overline{y}-\overline{xy}}{\overline{x}^2-\overline{x^2}} \qquad (1.32)$$

$$a=\overline{y}-b\overline{x} \qquad (1.33)$$

必须指出，实验中只有当 x 和 y 之间存在线性关系时，拟合的直线才有意义。在待定参数确定以后，为了判断所得的结果是否有意义，在数学上引进一个称为相关系数的量。通过计算以下相关系数 r 的大小，才能确定所拟合的直线是否有意义。对于一元线性回归方程，r 定义为

$$r=\frac{\overline{xy}-\overline{x}\,\overline{y}}{\sqrt{\left(\overline{x^2}-\overline{x}^2\right)\left(\overline{y^2}-\overline{y}^2\right)}} \tag{1.34}$$

可以证明，r 的绝对值应在 0 和 1 之间。$|r|$ 越接近于 1，说明数据能密集在求得的直线的近旁，用线性函数进行回归比较合理。相反，如果 $|r|$ 远小于 1 而接近于零，说明实验数据相对求得的直线很分散，用线性回归不妥当，必须用其他函数重新拟合。至于 $|r|$ 的起码值（当 $|r|$ 大于起码值时，回归的线性方程才有意义），与实验观测次数 n 和置信度有关，可查阅有关手册。

非线性回归问题是一个很复杂的问题，并无一定的解法。但是通常遇到的非线性问题多数能够转化为线性问题。已知函数形式为

$$y=C_1\mathrm{e}^{C_2x}$$

两边取对数得

$$\ln y=\ln C_1+C_2x \tag{1.35}$$

令 $\ln y=z$，$\ln C_1=A$，$C_2=B$，则上式变为

$$z=A+Bx \tag{1.36}$$

这样就将非线性回归问题转化为一元线性回归问题。

5. 用函数计算器处理实验数据

在科学实验中使用函数计算器处理实验数据，目前已相当普遍。这里对算术平均值 $\overline{x}$、标准偏差 σ_{n-1}（即 S）及最小二乘法一元线性拟合的 a、b、r、σ_y、σ_a、σ_b 的计算进行简要介绍。

1）算术平均值 $\overline{x}$ 与标准偏差 σ_{n-1}（S）的计算

直接采用测量值 x_i 来计算 σ_{n-1} 与 $\overline{x}$ 的根据是：在一般函数计算器说明书中，常用 σ_{n-1} 来表示标准偏差，因为

$$\sigma_{n-1}^2=\frac{\sum\Delta x_i^2}{n-1}=\frac{\sum(x_i-\overline{x})^2}{n-1} \tag{1.37}$$

而 $\overline{x}=\dfrac{\sum x_i}{n}$，将 $\overline{x}$ 的表达式代入式（1.37）后可得

$$\sigma_{n-1}^2=\frac{\sum x_i^2-2\dfrac{\left(\sum x_i\right)^2}{n}-n\dfrac{\left(\sum x_i\right)^2}{n^2}}{n-1}=\frac{\sum x_i^2-\dfrac{\left(\sum x_i\right)^2}{n}}{n-1} \tag{1.38}$$

$$\sigma_{n-1}=\sqrt{\frac{\sum x_i^2-\left(\sum x_i\right)^2/n}{n-1}} \tag{1.39}$$

式（1.38）与式（1.39）是函数计算器说明书中的表达式，其优点是可以直接用测量值 x_i 来计算该组测量数据的算术平均值 $\overline{x}$ 及标准偏差 σ_{n-1}。函数计算器均已编入 $\overline{x}$ 与 σ_{n-1} 的计算程序。

2）最小二乘法一元线性拟合有关量的计算

在导出 $\sigma_{n-1}=\sqrt{\dfrac{\sum x_i^2-\left(\sum x_i\right)^2/n}{n-1}}$ 表达式时，实际上也证明了

$$\begin{cases} S_{xx}=\sum(x_i-\overline{x})^2=\sum x_i^2-\dfrac{1}{n}\left(\sum x_i\right)^2 \\ S_{yy}=\sum(y_i-\overline{y})^2=\sum y_i^2-\dfrac{1}{n}\left(\sum y_i\right)^2 \\ S_{xy}=\sum(x_i-\overline{x})(y_i-\overline{y})=\sum x_iy_i-\dfrac{1}{n}\sum x_i\sum y_i \end{cases} \tag{1.40}$$

式（1.40）中所涉及的 $\sum x_i^2$、$\sum x_i$、$\sum y_i$、$\sum y_i^2$ 及 $\sum x_iy_i$ 均可由 SD（standard deviation）模式算得，由此可算出 S_{xx}、S_{yy}、S_{xy}。而此时 a、b、r 可分别表示为

$$\begin{cases} a=\overline{y}-b\overline{x} \\ b=S_{xy}/S_{xx} \\ r=S_{xy}/\sqrt{S_{xx}\cdot S_{xy}} \end{cases} \tag{1.41}$$

由于在分别对 x 和 y 变量计算 SD 时，$\overline{x}$、$\overline{y}$ 已算得，故 a、b、r 能方便地算得。由此可以证明：

$$\sum(y_i-a-b_i)^2=(1-r^2)S_{yy}$$

因此，σ_y 可表示为 $\sigma_y=\sqrt{\dfrac{(1-r^2)S_{yy}}{n-2}}$，此时 σ_a 和 σ_b 则变换为 $\sigma_a=\sqrt{\dfrac{1}{n}+\dfrac{\overline{x}^2}{S_{xx}}}\cdot$ $\sqrt{\dfrac{(1-r^2)S_{yy}}{n-2}}$，$\sigma_b=\sqrt{\dfrac{1}{S_{xx}}}\cdot\sqrt{\dfrac{(1-r^2)S_{yy}}{n-2}}$。

由此可见，对 a、b、r、σ_a、σ_b 五个量的计算问题已归结为对 $\overline{x}$、$\overline{y}$、S_{xx}、S_{xy} 和 S_{yy} 的计算问题。

具体计算步骤和方法按照具体的函数计算器说明书进行操作。

要指出的是：函数计算器只能显示计算结果，无法判断有效数字的取舍。因此，读记时应注意按照有效数字运算法则和误差运算的有关规定，读记有效数字。对中间过程和运算结果，可以多取一位有效数字。

6. 利用软件处理实验数据

在现代实验技术中，随着实验条件的不断改善，信息技术的应用也越来越多，不仅可应用于仪器设备中提高精度、采集数据、模拟实验等，还可以在数据处理中发挥重要作用。利用计算软件处理数据的优点是速度快、精度高、直观性强，可减轻人们处理数据的工作量。在具体问题中可以应用现有的软件（如 Excel、Origin、MATLAB、Mathematica），也可以结合具体实验练习编写一些简单实用的小程序或开发一些实用性强的小课件来满足实验中数据处理的需要。下面以 Origin 软件为例，简单介绍其在实验数据处理中的应用。

1）利用 Origin 做一元线性拟合（回归）

（1）将预先计算完毕的数据按照自变量 X 和因变量 Y 输入 Origin 的数据表格（Book1），如图 1.5 所示。

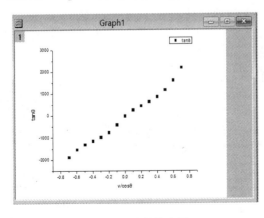

图 1.5　Origin 数据表格

（2）选中 Book1 中的数据，单击软件左下角的"描点"按钮 ，即可画出数据的散点，如图 1.6 所示。

（3）单击 Graph1，选中刚画出的"散点"图，选择 Analysis→Fitting→Linear Fit→Open Dialog，打开对话框，单击两次 OK 按钮，即可拟合出散点的直线，并且拟合参数也同时显示于 Graph1 中，如图 1.7 所示。

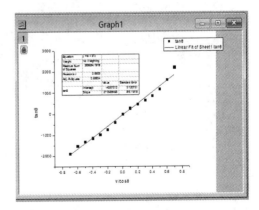

图 1.6　绘制散点图　　　　　　　　　　图 1.7　对散点线性拟合

（4）双击图中信息表可放大，其中 slope 的 Value 为直线的斜率，Intercept 的 Value 为直线的截距，Adj. R-Square 后的值为线性相关系数 r 的平方，其越接近于 1，表明 X 与 Y 之间线性相关性越强。

（5）双击图中的"点"或"线"，可对其进行编辑，要编辑哪个对象，双击该对象即可实现对目标的编辑。

2）利用 Origin 做多项式拟合（拟合曲线）

（1）将测量数据按照自变量 X 和因变量 Y 输入 Origin 数据表格（Book1）。

（2）选中 Book1 中的 X、Y 列数据，单击软件左下角的"描点"按钮 ∴▾，画出如图 1.8 所示散点。

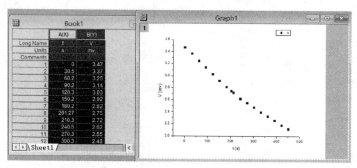

图 1.8　绘制测量数据点

（3）选中 Graph1 中的"散点"（数据点），选择 Analysis→Fitting→Polynomial Fit→Open Dialog，打开对话框，如图 1.9 所示，设置拟合参数 Polynomial Order，阶数为"4"就基本满足需要了。

（4）单击两次 OK 按钮，拟合完毕，如图 1.10 所示，得到的拟合方程为

$$y＝Intercept＋B1*x^1＋B2*x^2＋B3*x^3＋B4*x^4$$

即

$$y＝常数＋B_1x＋B_2x^2＋B_3x^3＋B_4x^4$$

其中各参数的值及拟合度均显示于 Graph1 新增的信息表中，双击可查看并编辑。

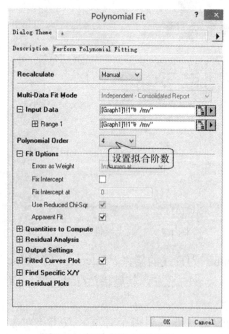

图 1.9　多项式拟合对话框

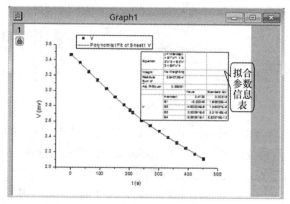

图 1.10　多项式曲线拟合及其信息

3）利用 Origin 做曲线某点的切线并求该点的导数

利用 Origin 画出某点的切线，需要 tangent.opk 插件。这个插件可从官方网站下载。将 tangent.opk（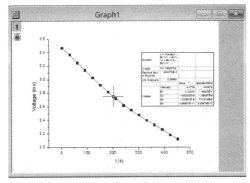）直接拖入已打开的 Origin，自动完成安装，软件中出现图标。

单击 tangent 工具中的 ⊞ 按钮，单击我们想作切线的点后图标变为大的红十字，接着在原位置双击，即可于图中画出该点的切线，如图 1.11 所示，自动弹出其斜率 slope 的值。

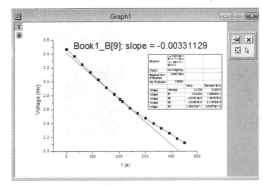

图 1.11　Origin 绘制切线

4）利用 Origin 画函数图线

例如，我们要画出 $f=\dfrac{g}{2\omega^2}$ 的理论曲线，其中 f 为因变量，ω 为自变量，g 为常数 9.78。

（1）根据所测 ω 的范围，将其输入（或导入）工作表格 Book1 的 X 列，选中 B（Y）列，并右击，选择 Set Column Values，出现如下对话框，并在其中输入：0.489*Col（A）^（−2），即 $f=0.489\times\omega^{-2}$，单击 OK 按钮后软件即可计算出 f 相应的理论值，即 B（Y），如图 1.12 所示。

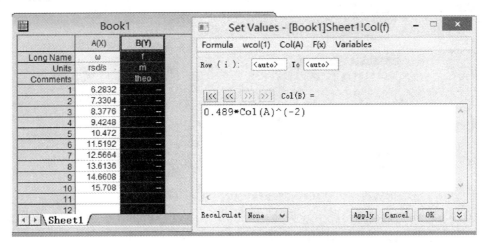

图 1.12　设置因变量的理论值

（2）选中 A（X）与 B（Y）列，选择 plot→line，即可画出 $f=\dfrac{g}{2\omega^2}$ 的理论曲线，如图 1.13 所示。

接下来我们继续在 $f=\dfrac{g}{2\omega^2}$ 的理论曲线图中描绘出与 ω 相应的测量（实验）值 f。

（3）单击窗口右上角的 New Workbook 按钮 🗔 新建数据表格并输入测量数据。

（4）右击 Graph1 中右上角的图层"1"，选择 Layer Contents，如图 1.14 所示。

（5）将表格 2（Book2）中的测量数据导入（单击 ⇒ 按钮）图层 1，如图 1.15 所示，单击 OK 按钮。

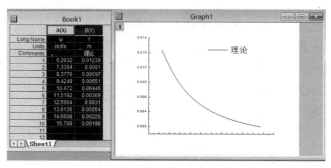

图 1.13　绘制理论曲线图

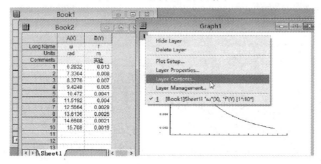

图 1.14　打开图层内容

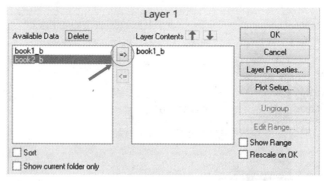

图 1.15　将测量数据导入已画图层

（6）Graph1 中自动绘出测量（实验）值的图线，右击 Graph 1 中空白处，选择 New Legend 添加新图例说明，如图 1.16 所示。

（7）选中并双击 Graph1 中的实验值图线（软件已自动将其设置为红色），弹出 Plot Details 对话框，单击对话框左下角的 Plot Type 的下拉菜单，选择 Scatter，如图 1.17 所示，并编辑散点符号的形状、大小、颜色等。

（8）双击 Graph1 中所要编辑的对象，使所绘制图线详尽、美观，最后选择 File→Export

Graphs 输出最终理想的图线，如图 1.18 所示。

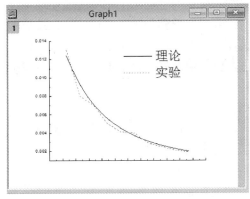

图 1.16　同一图层绘制两条曲线

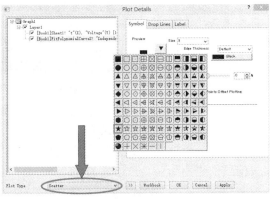

图 1.17　选择绘图类型

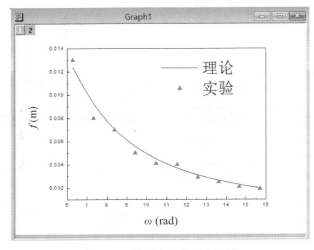

图 1.18　编辑完毕的输出图线

1.5　实验报告的内容及示例

1. 实验报告的内容

实验报告的内容主要包含以下四方面。

1）简述实验目的、原理和步骤

在实验报告中，要在透彻理解相关理论知识的前提下，尽可能用自己的语言简要地阐明实验的目的、原理和步骤。写这些内容时，一定不要机械地从书本、仪器设备说明书或其他地方抄写。如果只是照抄一遍，既会使报告冗长又会失去做实验的目的和意义。注意，这里在"明"的前提下，强调尽量的"简"。

2）真实而全面地填写实验记录

在实验报告中必须真实而全面地记录下实验条件和实验过程中得到的全部信息。实验条件包括实验的环境（室温、气压等与实验有关的外部条件）、所用的仪器设备（名称、型号、主要规格和编号等）、实验对象（样品名称、来源及其编号等）及其他有关器材等。
实验过程中要随时记下观察到的现象、发现的问题和自己产生的想法；特别当实际情况
和预期不同时，要记下有何不同，分析为何不同；或者是看到的现象和理论好像矛盾的
时候，更要认真记录，分析原因。实验记录要认真、仔细、清晰、整洁，但一定不要为
了清晰、整洁而先把数据记在草稿纸上再誊上去，更不要算好了再填上去。要培养清晰
而整洁地记录原始数据的能力和习惯。

3）认真地分析和解释实验结果，得出实验结论

实验结果不只包括测量结果，还应包括不确定度的评定、对测量结果与期望值的关
系的讨论、分析误差的主要原因和改进方法，以及对实验现象的分析与解释、对实验中
有关问题的思考和对实验结果的评论等。

4）写出体会和建议

实验报告中还可谈谈做实验的体会和建议。

2. 实验报告示例

示例 1　长 度 测 量

实验类型：验证性实验

【实验目的】

（1）掌握游标卡尺、螺旋测微器及读数显微镜的测量原理和使用方法。

（2）学习一般测长度仪器的读数规则。

（3）理解有效数字的基本概念。

【实验仪器】

米尺、游标卡尺、螺旋测微器、读数显微镜及待测物体。

【实验原理】

1）游标原理及游标卡尺

为了提高长度测量的估读精度，常用游标原理将米尺进行改进。游标（V）即是在主
尺旁加装的一个可以相对于尺身滑动的副尺。一般说来，游标 V 是将尺身的（$n-1$）个分
格，分成为 n 等份（称为 n 分度游标）。如尺身的一分格宽为 x，则游标一分格宽为 $\frac{n-1}{n}x$，
二者的差 $\Delta x = \frac{x}{n}$ 是游标卡尺的分度值，如图 1.19 所示。

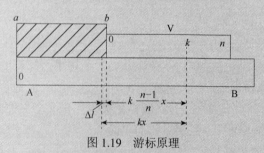

图 1.19　游标原理

使用 n 分度游标测量时，如果游标的第 k 条线与尺身某一刻线对齐，则所求的

$\Delta l = kx - k(n-1)\dfrac{x}{n} = k\dfrac{x}{n}$，即 Δl 等于游标卡尺的分度值 $\dfrac{x}{n}$ 乘以 k。所以使用游标卡尺时，先要明确其分度值。一般使用的游标有 n 等于 10、20 和 50 三种，其分度值（即精密度）分别为 0.1mm、0.05mm 和 0.02mm。

2）螺旋测微原理及螺旋测微器

螺旋每转一周将前进（或后退）一个螺距。对于螺距为 x 的螺旋，如果转 $\dfrac{1}{n}$ 周，螺旋将移动 $\dfrac{x}{n}$，设一螺旋的螺距为 0.5mm，当它转动 $\dfrac{1}{50}$ 周时，螺旋将移动 0.01mm，因此借助螺旋的转动，将螺旋的角位移转变为直线位移，可进行长度的精密测量。

用螺旋测微器测量长度时，每次测量之后要对测量数据做零点修正。图 1.20 表示两个零点读数的例子，要注意它们的符号不同，每次测量之后，要从测量值的平均值中减去零点读数。

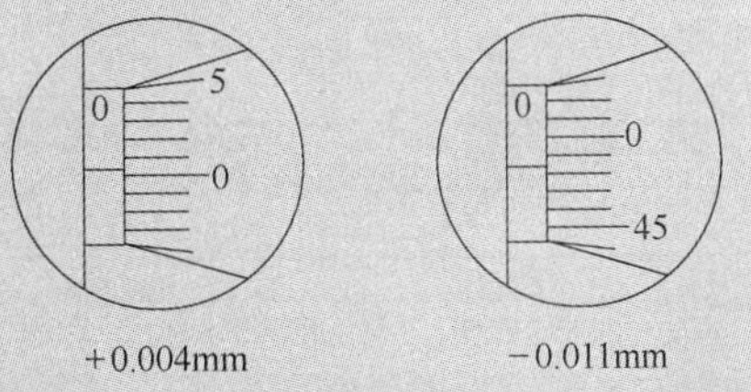

3）读数显微镜

（1）原理。

测微螺旋螺距为 1mm（即标尺分度），在显

+0.004mm   −0.011mm

图 1.20 螺旋测微原理

微镜的旋转轮上刻有 100 个等分格，每格为 0.01mm，当旋转轮转动一周时，显微镜沿标尺移动 1mm；当旋转轮旋转过一个等分格，显微镜就沿标尺移动 0.01mm。

（2）测量与读数。

① 调节目镜进行视场调整，使显微镜十字线最清晰即可；转动调焦手轮，从目镜中观测使被测工件成像清晰；可调整被测工件，使其一个横截面与显微镜移动方向平行。

② 转动旋转轮可以调节十字竖线对准被测工件的起点，在标尺上读取毫米的整数部分，在旋转轮上读取毫米以下的小数部分。两次读数之和是此点的读数 A。

③ 沿着同一方向转动旋转轮，使十字竖线恰好停止于被测工件的终点，此次读数 A'，记下此值，所测量工件的长度即 $L = |A' - A|$。

（3）使用注意事项。

① 在松开每个锁紧螺钉时，必须用手托住相应部分，以免其坠落和受冲击；不要超出可调节范围。

② 注意防止回程误差，由于螺钉和螺母不可能完全密合，螺旋转动方向改变时它们的紧密程度也改变，两次读数将不同，由此产生的误差称为回程误差。

【实验内容】

（1）用游标卡尺测圆筒的体积。

（2）用螺旋测微器测量小钢球的直径。

（3）用读数显微镜测量钢片的长与宽。

【数据处理】

（1）在表 1.6 中记录圆柱体的外径 D、内径 d、高度 h，并计算圆筒的体积 V。

零点读数：0.10mm。

表 1.6　实验数据

次数	项目						
	D/mm	$\overline{D}$ /mm	d/mm	$\overline{d}$ /mm	h/mm	$\overline{h}$ /mm	V/mm³
1	25.04		8.20		26.28		
2	25.02	25.03	8.22	8.21	26.26	26.28	11426.82
3	25.02		8.22		26.28		
4	25.04		8.20		26.28		

（2）在表 1.7 中记录小钢球的直径。

零点读数：－0.003mm。

表 1.7　实验数据

次数	1	2	3	4	5	平均值
直径/mm	7.485	7.487	7.485	7.486	7.486	7.486

（3）在表 1.8 中记录钢片的长与宽。

表 1.8　实验数据

次数	1	2	3	4	平均值
L_1/mm	63.975	64.548	63.963	64.465	49.880
L_2/mm	113.898	114.366	113.912	114.295	
W_1/mm	93.072	92.492	93.073	92.485	18.890
W_2/mm	111.905	111.438	111.903	111.435	

（4）误差分析。

① 圆筒的体积测量。

高度 $\overline{h}=26.28$mm，修正后 $\overline{h}=26.18$mm。

$$S(\overline{h})=\sqrt{\frac{\sum\limits_{i=1}^{n}(h_i-\overline{h})^2}{n\times(n-1)}}=\sqrt{\frac{\sum\limits_{i=1}^{4}(h_i-\overline{h})^2}{4\times(4-1)}}\approx0.01\,(\text{mm})$$

外径 $\overline{D}=25.03$mm，修正后 $\overline{D}=24.93$mm。

$$S(\overline{D})=\sqrt{\frac{\sum\limits_{i=1}^{n}(D_i-\overline{D})^2}{n\times(n-1)}}=\sqrt{\frac{\sum\limits_{i=1}^{4}(D_i-\overline{D})^2}{4\times(4-1)}}\approx0.01\,(\text{mm})$$

内径 $\overline{d}=8.21$mm，修正后 $\overline{d}=8.11$mm。

$$S(\overline{d})=\sqrt{\frac{\sum\limits_{i=1}^{n}(d_i-\overline{d})^2}{n\times(n-1)}}=\sqrt{\frac{\sum\limits_{i=1}^{4}(d_i-\overline{d})^2}{4\times(4-1)}}\approx0.01\,(\text{mm})$$

圆筒体积公式：$V=\dfrac{1}{4}\pi(D^2-d^2)h$，将 D、d、h 的测量值代入，可得体积为

$$V=0.25\times\pi\times(24.93^2-8.11^2)\times26.18=11426.82\,(\text{mm}^3)$$

标准不确定度的计算：

D、d、h 均用游标卡尺测得，$\Delta = 0.02$mm，所以

$$\sigma_B(D) = \sigma_B(d) = \sigma_B(h) = \Delta / \sqrt{3} \approx 0.01 \text{（mm）}$$

对于 A 类不确定度，有 $S_A(\bar{x}) = S(\bar{x})$，所以分别为

$$S_A(\bar{D}) = S(\bar{D}) = 0.01 \text{（mm）}$$

$$S_A(\bar{d}) = S(\bar{d}) = 0.01 \text{（mm）}$$

$$S_A(\bar{h}) = S(\bar{h}) = 0.01 \text{（mm）}$$

合成不确定度为

$$\sigma(\bar{D}) = \sqrt{S_A^2(\bar{D}) + \sigma_B^2(\bar{D})} = 0.02 \text{（mm）}$$

$$\sigma(\bar{d}) = \sqrt{S_A^2(\bar{d}) + \sigma_B^2(\bar{d})} \approx 0.02 \text{（mm）}$$

$$\sigma(\bar{h}) = \sqrt{S_A^2(\bar{h}) + \sigma_B^2(\bar{h})} = 0.02 \text{（mm）}$$

体积 V 的标准不确定度 $\sigma(V)$ 为

$$\sigma(V) = \sqrt{\left(\frac{\partial V}{\partial h}\right)^2 \sigma^2(h) + \left(\frac{\partial V}{\partial D}\right)^2 \sigma^2(D) + \left(\frac{\partial V}{\partial d}\right)^2 \sigma^2(d)}$$

$$= \sqrt{\left(\frac{1}{4}\pi(D^2 - d^2)\right)^2 \sigma^2(h) + \left(\frac{1}{2}\pi Dh\right)^2 \sigma^2(D) + \left(\frac{1}{2}\pi dh\right)^2 \sigma^2(d)}$$

$$= \sqrt{76.20 + 420.42 + 44.49} \approx 23 (\text{mm}^3)$$

所以体积测量结果为

$$V = (11426.82 \pm 23) \text{ mm}^3$$

② 小钢球的直径。

钢球直径 $\bar{D} = 7.486$mm，修正后 $\bar{D} = 7.489$mm。

$$S(\bar{D}) = \sqrt{\frac{\sum_{i=1}^{n}(D_i - \bar{D})^2}{n \times (n-1)}} = \sqrt{\frac{\sum_{i=1}^{5}(D_i - \bar{D})^2}{5 \times (5-1)}} \approx 0.0004 \text{（mm）}$$

不确定度的计算：

多次测量，$S_A(\bar{D}) = S(\bar{D}) = 0.0004$mm。

螺旋测微器误差

$$\sigma_B(\bar{D}) = \Delta / \sqrt{3} = 0.004 / \sqrt{3} \approx 0.0023 \text{（mm）}$$

合成不确定度为

$$\sigma(\bar{D}) = \sqrt{S_A^2(\bar{D}) + \sigma_B^2(\bar{D})} \approx 0.0023 \text{（mm）}$$

测量结果：$\bar{D} = (7.489 \pm 0.003)$ mm。

③ 测量钢片的长与宽。

钢片长度 $L = |L_2 - L_1|$，宽度 $W = |W_2 - W_1|$。

$$S(\bar{L}) = \sqrt{\frac{\sum_{i=1}^{n}(L_i - \bar{L})^2}{n \times (n-1)}} = \sqrt{\frac{\sum_{i=1}^{4}(L_i - \bar{L})^2}{4 \times (4-1)}} \approx 0.032 \text{（mm）}$$

$$S(\overline{W}) = \sqrt{\frac{\sum\limits_{i=1}^{n}(W_i - \overline{W})^2}{n \times (n-1)}} = \sqrt{\frac{\sum\limits_{i=1}^{4}(W_i - \overline{W})^2}{4 \times (4-1)}} \approx 0.034 \text{（mm）}$$

不确定度的计算：

$$S_A(\overline{L}) = \sqrt{S^2(\overline{L}) + S^2(\overline{L})} \approx 0.045 \text{（mm）}$$

$$S_A(\overline{W}) = \sqrt{S^2(\overline{W}) + S^2(\overline{W})} \approx 0.048 \text{（mm）}$$

读数显微镜误差：

$$\sigma_B(\overline{x}) = \Delta / \sqrt{3} = 0.004\text{mm} / \sqrt{3} \approx 0.0023 \text{（mm）}$$

合成不确定度为

$$\sigma(\overline{L}) = \sqrt{S_A^2(\overline{L}) + \sigma_B^2(\overline{L})} \approx 0.045 \text{（mm）}$$

$$\sigma(\overline{W}) = \sqrt{S_A^2(\overline{W}) + \sigma_B^2(\overline{W})} \approx 0.048 \text{（mm）}$$

所以测量结果为

$$\overline{L} = （49.880 \pm 0.045）\text{ mm}$$

$$\overline{W} = （18.890 \pm 0.048）\text{ mm}$$

（注：长度与宽度的平均值在表 1.8 中有。不确定度取一位、两位均可，对于比较精确且重要的测量结果，常将不确定度保留两位。）

（5）实验结果。

① 圆筒的体积：$V = （11426.82 \pm 23）\text{ mm}^3$。

② 小钢球的直径：$\overline{D} = （7.489 \pm 0.003）\text{ mm}$。

③ 钢片的长与宽：$\overline{L} = （49.880 \pm 0.045）\text{ mm}$，$\overline{W} = （18.890 \pm 0.048）\text{ mm}$。

示例 2　重力加速度的测定（单摆法）

实验类型：验证性实验

【实验目的】

（1）掌握用单摆测量重力加速度的方法。

（2）研究单摆的周期与单摆的长度、摆动角度之间的关系。

（3）学习用作图法处理测量数据。

【实验仪器】

单摆、秒表、钢卷尺、游标卡尺。

【实验原理】

在一根不可伸长的细线的下端悬挂一个小球。当细线质量比小球的质量小很多，而且小球的直径又比细线的长度小很多时，此种装置称为单摆，如图 1.21 所示。如果把小球稍微拉开一定距离，小球在重力作用下可在竖直平面内做往复运动，一个完整的往复运动所用的时间称为一个周期。当摆动的角度 θ 小于 5° 时，可以证明单摆的周期 T 满足下面公式

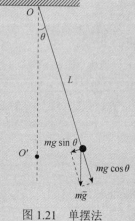

图 1.21　单摆法

$$T = 2\pi\sqrt{\frac{L}{g}} \qquad\qquad (1)$$

$$g = 4\pi^2\frac{L}{T^2} \qquad\qquad (2)$$

式中，L 为单摆长度，是指上端悬挂点到球重心之间的距离；g 为重力加速度。如果测量得出周期 T、单摆长度 L，利用上面式子可计算出当地的重力加速度 g。从上面公式知，T^2 和 L 具有线性关系，即 $T^2 = 4\pi^2\frac{L}{g}$。对不同的单摆，由长度 L 可得出相对应的周期，由 T^2-L 图线的斜率可求出 g 值。

【实验内容】

研究周期 T 与单摆长度 L 的关系，用作图的方法求 g 值。

（1）用游标卡尺测量摆动小球直径 d；测三次，取平均值。

（2）取细线约 70cm，使用钢卷尺来测量单摆绳长 l。

（3）拉开单摆的小球，让其在摆动角度小于 5° 的竖直面内自由摆动，用秒表测出摆动 40 个周期所用的时间 t。在测量时要注意选择摆动小球通过平衡位置时开始计时，测量三次。

（4）取不同长度的单摆（每次增加绳长约 10cm），量出绳长，测其 40 个周期的总时间 t，每摆长测量三次。

【数据处理】

（1）计算摆动小球直径：$\bar{d} = \frac{1}{3}(d_1 + d_2 + d_3) = 25.00$（mm）。

（2）在表 1.9 中记录不同单摆长度 L 对应的周期。

表 1.9 实验数据

L/cm	$40T$/s	T'/s	T/s	T^2/s^2
71.85			1.702	2.8968
84.04			1.841	3.38928
94.10			1.945	3.78302
104.55			2.049	4.1984
119.50			2.194	4.81364

根据以上数据利用 Origin 作 T^2-L 图线，如图 1.22 所示。

从图 1.22 中知 T^2 与 L 呈线性关系，Pearson's r（线性相关系数 r）为 0.99996，

拟合直线的 slope（斜率 k）为 0.04012，再从 $k=\dfrac{4\pi^2}{g}$ 求得重力加速度，即

$$g=\frac{4\pi^2}{k}=\frac{4\pi^2}{0.04012}=983.01\ （\text{cm/s}^2）$$

重力加速度理论值：

$$g_{理}=980.616-2.5928\cos\varphi+0.0069\cos^2\varphi-3.086\times10^{-6}H$$

实验所在地区烟台纬度约为 37.5°，实验室所在位置海拔高度小于 400m（烟台塔山），计算中取 300m，所以重力加速度理论值为

$$g_{理}=980.616-2.5928\cos\varphi+0.0069\cos^2\varphi-3.086\times10^{-6}H$$
$$=980.616-2.5928\times0.7934+0.0069\times0.6294-3.086\times10^{-6}\times30000$$
$$=978.471(\text{cm/s}^2)$$

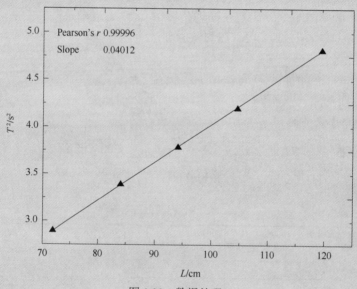

图 1.22　数据处理

相对误差：

$$E=\frac{\sigma(g)}{g_{理}}\times100\%=0.5\%$$

（3）误差来源及分析。

实验中，做的三个近似处理会给测量结果带来一定的误差。

① 摆角 θ 很小，可以用 θ 的弧度值近似代替 $\sin\theta$ 值。实际上，当单摆摆角 $\theta\leqslant3°$ 时，才可以真正认为摆角很小。此时，可以真正忽略近似处理摆角给测量结果带来的误差。

② 摆线质量比摆球质量小很多，因此认为摆线质量为零；同时，在摆动过程中，虽然张力大小在变，但认为摆线长度不变。实验中采用细棉线作为摆线，用小钢球作为摆球进行测量，摆球的质量远大于摆线的质量（10^2 量级以上），才可以忽略其带来的影响。

③ 忽略了空气阻力。由于实验中存在空气阻力，实际测量的加速度应为重力和浮力的合力产生的加速度，将它作为重力加速度，比实际测量值偏小。

第 2 章　力学和热学实验

2.1　长　度　测　量

长度是三个力学基本量（长度、质量、时间）之一。测量长度的仪器，不仅在生产和科学实验等领域中被广泛地应用，而且这些基本量的测量方法是测量其他物理量的基础。许多物理量（温度、压力及各种电学量和光强等光学量）的测量，最终都是转化成长度或刻度而进行读数或者计量的。例如，各种指针式仪表实质上是将被测量转化为弧度线长度的测量。总之，科学实验中的测量大多数归结为长度的测量。因此，长度的测量是一切测量的基础。

【实验目的】

（1）掌握米尺、游标卡尺、螺旋测微器、读数显微镜的测量原理和使用方法。

（2）学习一般测长度仪器的读数规则。

（3）理解有效数字的基本概念。

【实验仪器】

米尺、游标卡尺、螺旋测微器、读数显微镜及待测物体。

【实验原理】

长度是基本的物理量之一。长度的测量方法有很多，有时可以用米尺、游标卡尺等工具直接测量物体长度，有时要采用干涉法或其他一些方法测量。测量方法的选用要根据对测量精度的要求来定。下面对几种基本的测长度工具进行介绍。

1.　米尺

米尺的最小分度为 1mm。因此，毫米的后一位只能估读。一般来说，读取的数据的最后一位应该是读数随机误差所在位，这是仪器读数的一般规律。用米尺测量长度，应该读到毫米的下一位。

使用米尺测量长度时应该注意：

（1）避免视差，应该使米尺刻度贴近被测物体，并且观测方位要合适。

（2）避免因米尺端点磨损带来误差，为此测量时起点可不从端点开始。

（3）避免因米尺刻度不均匀带来误差，可取米尺不同位置为起点进行多次测量。

2.　游标原理及游标卡尺

为了提高长度测量的估读精度，常用游标原理将米尺进行改进。游标（V）即在尺身旁加装的一个可以相对于尺身滑动的副尺，如图 2.1 所示。一般说来，游标是将尺身的 $(n-1)$ 个分格分成 n 等份（称为 n 分度游标）。如尺身的一分格宽为 x，则游标一分格宽为 $\dfrac{n-1}{n}x$，二者的差 $\Delta x = \dfrac{x}{n}$ 是游标卡尺的分度值，如图 2.2 所示。

使用 n 分度游标测量时，如果游标的第 k 条线与尺身某一刻线对齐，则所求的 $\Delta l = kx - k(n-1)\dfrac{x}{n} = k\dfrac{x}{n}$，即 Δl 等于游标卡尺的分度值 $\dfrac{x}{n}$ 乘以 k。所以使用游标卡尺时，先要明确其分度值。一般使用的游标有 n 等于 10、20 和 50 三种，其分度值（即精密度）分别为 0.1mm、0.05mm 和 0.02mm。

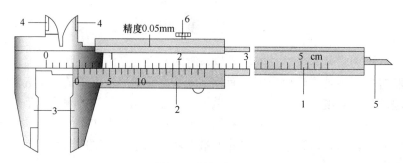

图 2.1 游标卡尺

1. 尺身；2. 游标；3. 外测量爪；4. 内测量爪；5. 深度尺；6. 紧固螺钉

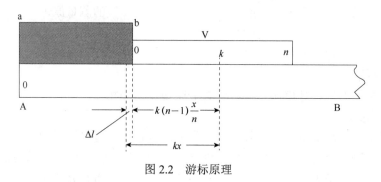

图 2.2 游标原理

使用游标卡尺测量时，读数分为两步：

（1）从游标零线的位置读出尺身的整格数；

（2）根据游标上与尺身对齐的刻线读出不足一分格的小数，二者相加就是测量值。

另外，使用游标卡尺测量时，要注意校正零点。即在测量前，将量爪合拢，检查游标上的"0"线与尺身上的"0"线是否重合，如果不重合，应记下零点读数，以备测量时对结果进行修正。

在使用游标卡尺时，要特别注意保护量爪。测量时，只要把物体轻轻卡住即可，不允许乱摇动夹紧的物体，以免损坏量刃。

3. 螺旋测微原理及螺旋测微器

螺旋测微器如图 2.3 所示。

螺旋每转一周将前进（或后退）一个螺距。对于螺距为 x 的螺旋，如果转 $\dfrac{1}{n}$ 周，螺旋将移动 $\dfrac{x}{n}$，设一螺旋的螺距为 0.5mm，当它转动 $\dfrac{1}{50}$ 周时，螺旋将移动 $\dfrac{0.5}{50}$ mm＝0.01mm；当它

转动 $\left(3+\dfrac{24}{50}\right)$ 周时，螺旋将移动 $3\times0.5\text{mm}+\dfrac{24}{50}\times0.5\text{mm}=1.5\text{mm}+0.24\text{mm}=1.74\text{mm}$。因此借助螺旋的转动，将螺旋的角位移转变为直线位移可进行长度的精密测量。这样的测微螺旋广泛应用于精密测量长度的工作中。

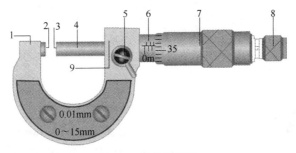

图 2.3　螺旋测微器

1. 尺架；2、3. 测砧；4. 测微螺杆；5. 制动栓；6. 固定套管；7. 微分筒；8. 棘轮；9. 螺母套管

实验室中常用的螺旋测微器的量程为 25mm，仪器精密度为 0.01mm。测微螺杆的一部分加工成螺距为 0.5mm 的螺纹，当它在固定套管的螺套中转动时将前进或后退，活动套管（微分筒）和测微螺杆连成一体，其周边等分为 50 个分格。螺杆转动的整圈数由固定套管上间隔 0.5mm 的刻线去测量，不足一圈的部分由活动套管周边的刻线去测量。所以用螺旋测微器测量长度时，读数分为两步：

（1）由活动套管的前沿在固定套管上的位置，读出整圈数。

（2）由固定套管上的横线所对应活动套管上的分格数，读出不到一圈的小数。

二者相加就是测量值。另外，在测量之前要记录螺旋测微器零点的读数，每次测量之后要对测量数据做零点修正。图 2.4 为两个零点读数的例子，要注意它们的符号不同，每次测量之后，要从测量值的平均值中减去零点读数。

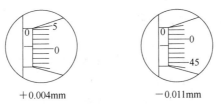

图 2.4　螺旋测微器零点校正

使用螺旋测微器测量时，要注意：

（1）防止读错整圈数，如图 2.5 所示，图（b）比图（a）多一圈，读数相差 0.5mm；图（c）的整圈数是 3 而不是 4，读数为 1.978mm 而不是 2.478mm。

（2）螺旋测微器的尾端有一棘轮装置 B，测量时，应该缓慢转动棘轮旋柄，使测微螺杆前进，只要听到发出咔咔声，即可读数。不要直接转动活动套管夹住物体，以免用力过大，夹得太紧，影响测量结果，甚至损坏仪器。这是使用螺旋测微器必须注意的问题。

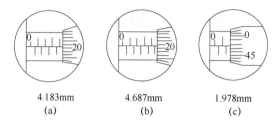

4.183mm　　　　　　4.687mm　　　　　　1.978mm
(a)　　　　　　　　　　(b)　　　　　　　　　　(c)

图 2.5　螺旋测微器读数

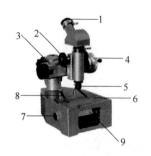

图 2.6　读数显微镜

1. 目镜；2. 调焦手轮；3. 标尺；4. 旋转轮；
5. 物镜；6. 台面玻璃；7. 反光镜调节转轮；
8. 弹簧压片；9. 反光镜

4. 读数显微镜

1）原理

读数显微镜如图 2.6 所示。测微螺旋的螺距为 1mm（即标尺分度），在显微镜的旋转轮上刻有 100 个等分格，每格为 0.01mm，当旋转轮转动一周时，显微镜沿标尺移动 1mm，当旋转轮旋转过一个等分格时，显微镜就沿标尺移动 0.01mm。

2）测量与读数

（1）调节目镜进行视场调整，使显微镜十字线最清晰即可；转动调焦手轮，从目镜中观测使被测工件成像清晰；可调整被测工件，使其一个横截面与显微镜移动方向平行。

（2）转动旋转轮可以调节十字竖线对准被测工件的起点，在标尺上读取毫米的整数部分，在旋转轮上读取毫米以下的小数部分。两次读数之和是此点的读数 A。

（3）沿着同一方向转动旋转轮，使十字竖线恰好停止于被测工件的终点，此次读数 A'，记下此值，所测量工件的长度即 $L=|A-A'|$。

注意：

（1）在松开每个锁紧螺钉时，必须用手托住相应部分，以免其坠落和受冲击；不要超出可调节范围。

（2）被测量长度放置方向平行于显微镜移动的方向，测量不要超出标尺的范围。

（3）注意防止回程误差，由于螺钉和螺母不可能完全密合，旋转轮转动方向改变时，它们接触状态也改变，两次读数将不同，由此产生的误差称为回程误差。

【实验内容】

（1）用游标卡尺测圆筒的体积。

（2）用螺旋测微器测量小钢球直径。

（3）用读数显微镜测量钢片的长与宽。

【数据处理】

（1）记录圆筒的外径 D、内径 d、高度 h，并计算圆筒的体积 V（表 2.1）。

表 2.1　圆筒的体积相关参数记录

次数	项目						
	D/mm	$\bar{D}$ /mm	d/mm	$\bar{d}$ /mm	h/mm	$\bar{h}$ /mm	V/mm^3
1							
2							
3							
4							

（2）记录小钢球的直径（表 2.2）。千分尺的零点读数：_____mm。

表 2.2　小钢球直径记录

次数	1	2	3	4	5	平均值
直径/mm						

（3）记录钢片的长与宽（表 2.3）。

表 2.3　钢片的长与宽记录

次数	1	2	3	4	平均值
长/mm					
宽/mm					

自行计算测量的不确定度并正确表示结果。

 思考题

（1）何谓仪器的分度数值？米尺、20 分度游标卡尺和螺旋测微器的分度数值各为多少？如果用它们测量一个长度约 7cm 的物体，问每个待测量能读得几位有效数字？

（2）游标卡尺上游标 30 个分格与尺身 29 个分格等长,这种游标卡尺的分度值为多少？

2.2　单摆法测定重力加速度

重力加速度是物理学中一个非常重要的量，它从本质上反映了地球引力的强弱。它随着地球上各个地区的经纬度、海拔及地下资源的分布不同而略有不同。测定重力加速度的方法很多，单摆法和自由落体法是两种简单而常用的方法。用单摆法测定重力加速度必须考虑许多因素，故本实验对分析能力和思维的训练有很大的意义。

【实验目的】

（1）掌握用单摆测定重力加速度的方法。

（2）研究单摆摆动周期与摆长的关系。

【实验仪器】

单摆装置、米尺、秒表、游标卡尺。

【实验原理】

　　单摆也称"数学摆"，即它是实现数学摆的一种近似装置，由一根上端固定而不会伸长的细线（质量可以忽略）和在下端悬挂的一个可以当作质点（体积可以忽略）的小球组成。如图 2.7 所示，如果小球的质量比细线的质量大很多，而且细线的长度又比小球的直径大很多，则此装置可以看作单摆。

　　单摆往返摆动一次所需的时间称为单摆的周期，以下是单摆周期公式的推导过程。

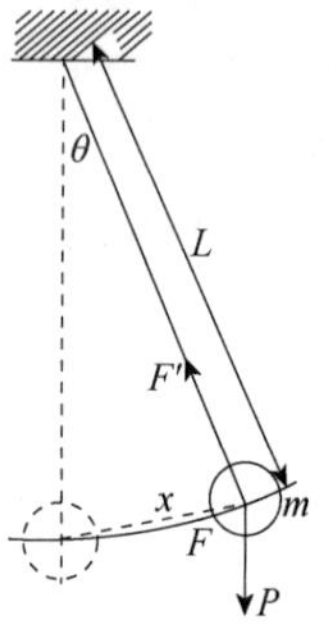

　　　　图 2.7 中摆角 θ 很小（$\leqslant 5°$），P 是摆球受到的重力，F' 是绳子的张力，若不计空气阻力，摆球所受合力 F 是 P 与 F' 的合力。F 的方向永远指向平衡位置。设位移 x 的正方向为图中 F' 的反方向。因 $\theta \leqslant 5°$，故有

$$F = -mg\sin\theta$$

$$\sin\theta = \frac{x}{L}$$

所以

$$F = -mg\left(\frac{x}{L}\right)$$

图 2.7　单摆原理

由牛顿第二定律

$$F = m\left(-g\frac{x}{L}\right)$$

可得

$$\frac{\mathrm{d}^2 x}{\mathrm{d}t^2} = -\frac{g}{L}x \tag{2.1}$$

　　这是一常系数的二阶微分方程，将 $\omega^2 = \dfrac{g}{L}$ 代入式（2.1），可得

$$\frac{\mathrm{d}^2 x}{\mathrm{d}t^2} + \omega^2 x = 0$$

解得

$$x = A\cos(\omega t + \varphi)$$

　　可见单摆的运动符合简谐振动的方程，A 为振幅，ω 为圆频率，从而可以得出振动的周期为

$$T = \frac{2\pi}{\omega} = 2\pi\sqrt{\frac{L}{g}} \tag{2.2}$$

　　注意：式（2.2）是在 $\sin\theta = \dfrac{x}{L}$ 的情况下得出的。否则，周期为摆角的非线性函数。由此可知，只要测出单摆的周期 T 和摆长 L，便可计算出重力加速度 g。

$$g = 4\pi^2 \frac{L}{T^2} \tag{2.3}$$

式中，摆长 L 是从悬点到球心的距离。

　　当单摆的摆角 θ 较大时，单摆的振动周期 T 和摆角 θ 之间的关系近似为

$$T = 2\pi\sqrt{\frac{L}{g}}\left(1 + \frac{1}{4}\sin^2\frac{\theta}{2}\right) \tag{2.4}$$

如果测出对应于不同摆角 θ 的周期 T，算出相应的 $Y=\sin^2\left(\dfrac{\theta}{2}\right)$，作出 T-Y 曲线，便可检验式（2.4）。测量时，为了减小误差，提高测量准确度，必须注意以下几点：

（1）单摆公式成立的前提是忽略悬线质量，故悬线质量必须很小。

（2）公式中使用了 $\sin\theta=\dfrac{x}{L}$ 的近似条件，故 θ 越小，误差越小。

（3）悬线必须是"不会伸长"的，否则，单摆在摆动过程中，L 取值不定，公式失去意义。

（4）小球体积要足够小，以便满足质点模型；小球质量要足够大，否则空气浮力和气流对摆球的影响必须考虑进去。

实验中应尽量向理想条件靠近，对各种影响进行修正。

【实验内容】

1. 用单摆测重力加速度

由式（2.2）知 T^2 和 L 具有线性关系，即 $T^2=4\pi^2\dfrac{L}{g}$。对不同的单摆长度 L 测量得出相对应的周期，可由 T^2-L 图线的斜率求出 g 值。

（1）用米尺测量摆线长度 l 约 70cm，用游标卡尺测量小球直径 d，测三次，则摆长 $L=l+\dfrac{d}{2}$。

（2）拉开单摆的小球，让其在摆动角度小于 5° 的竖直面内自由摆动，用电子秒表测出摆动 40 个周期所用的时间 t。在测量时要注意选择摆动小球通过平衡位置时开始计时，测量三次。

（3）改变单摆的摆长（每次增加绳长约 10cm），量出绳长，测其 40 个周期的总时间 t，每摆长测量三次时间。

2. 利用周期和摆长的关系测重力加速度

由式（2.2）两边取对数，可得

$$\lg T=\lg 2\pi+\frac{1}{2}(\lg L-\lg g) \tag{2.5}$$

设 $\lg 2\pi-\dfrac{1}{2}\lg g=a$，$\dfrac{1}{2}=b$，则式（2.5）可变为

$$\lg T=a+b\lg L$$

由此可以看出，周期的对数与摆长的对数呈线性关系，如果以 $\lg L$ 为横坐标，以 $\lg T$ 为纵坐标，所得的直线应是一条直线，该直线的截距为 a，其斜率为 $b\left(b=\dfrac{1}{2}\right)$。测出不同摆长下的周期，即 L 与 T 的对应关系，便可验证式（2.5）。

【数据处理】

摆球直径 $\bar{d}=\dfrac{1}{3}(d_1+d_2+d_3)=$ _____ mm。将周期和摆长的测定数据填入表 2.4。

表 2.4　测定周期和摆长

L/cm	lg$L$	40T/s	T'/s	$\bar{T}$ /s	$\bar{T}^2$/s^2	lg $\bar{T}$

　　根据以上数据可以在坐标纸上作 $\bar{T}^2$-L 图，从图中知 $\bar{T}^2$ 与 L 呈线性关系。根据所绘制直线求出斜率 k，再从 $k=\dfrac{4\pi^2}{g}$ 求得重力加速度，即

$$g=\frac{4\pi^2}{k}=\frac{4\pi^2}{(\qquad\qquad)}=\underline{\qquad\qquad}\text{cm/s}^2$$

　　重力加速度的理论值

$$g_{理}=980.616-2.5928\cos\varphi+0.0069\cos2\varphi-3.086\times10^{-6}H$$

式中，H 为海拔；φ 为所在地区的纬度。

　　测量结果：$g=\bar{g}\pm\sigma g=$ _____ 。

　　　　　　　$E=\sigma g/\bar{g}=$ _____ 。

　　作出 lg$T$-lg$L$ 图线，计算出拟合直线的截距和斜率，也可根据式（2.5）求出重力加速度 g。

 **思考题**

　　（1）本实验中有可能产生哪些系统误差？如何进行修正？又可能产生哪些随机误差？实验中用什么方法能减小误差？

　　（2）本实验中测摆动周期时怎样合理选取摆动次数？

　　（3）从减小误差角度考虑，测周期时要在摆球通过平衡位置时按下秒表，而不是在摆球到达最大位移时按下秒表，为什么？

（4）设单摆的摆角 θ 接近 $0°$ 时的周期为 T_0，任意摆角 θ 时的周期为 T，二者的关系近似为

$$T=T_0\left(1+\frac{1}{4}\sin^2\frac{\theta}{2}\right)$$

如果 T 值是在 $\theta=10°$ 条件下得出的，将给 g 的值引入多大的相对不确定度？

2.3　物质密度的测定

密度是表征物质特性的物理量。在科学技术发展的今天，对密度的测量几乎涉及各个领域，应用相当广泛。它不仅与半成品、成品的数量与质量控制、检测有关，而且对加强及提高生产过程的计量管理水平、促进科学研究及国内外贸易的发展有着重要的意义。

【实验目的】

（1）熟悉物理天平、比重瓶的使用方法。

（2）掌握用流体静力称衡法测量固体和液体密度的方法。

（3）掌握用比重瓶法测量液体密度的方法。

【实验仪器】

物理天平、烧杯、比重瓶、待测固体、待测液体、蒸馏水等。

【实验原理】

密度表示物质单位体积内所具有的质量。不同的物质由于成分或组织结构不同而具有不同的密度，相同的物质由于所处的状态不同也具有不同的密度。物质通常有三态：固态、液态和气态。对不同的状态，我们选择不同的测量方法测其密度。

若物体的质量为 m，所占有的体积为 V，则该物质的密度为

$$\rho=\frac{m}{V} \tag{2.6}$$

可见，测出物质质量 m 和体积 V 后，便可间接测得物质的密度。质量 m 可用天平测量。对于规则的固体，可测出它的外形尺寸，通过数学计算得到其体积。但是对于外形不规则的固体，因为计算它的体积比较困难，所以需采用其他方法测其密度。

1. 流体静力称衡法测量不规则固体的密度

根据阿基米德原理，物体在液体中所受到的浮力等于物体排开液体的重力。

取被测固体（如一钢块），在空气中用天平称量，得天平相应砝码质量为 m；将物体完全浸入但悬浮在水中，称得相应砝码质量为 m_1，根据阿基米德原理可得

$$mg-m_1g=\rho_0 gV \tag{2.7}$$

式中，ρ_0 为水的密度；V 为物体的体积，即排开水的体积。

将式（2.7）代入式（2.6）可得

$$\rho=\frac{m}{m-m_1}\rho_0 \tag{2.8}$$

若被测物体密度 $\rho' < \rho_0$（如石蜡），物体不能自行浸入水中，在单独测钢块得到 m_1

的基础上，将该物体（石蜡）与前述物体（钢块）拴在一起，分别按图 2.8 和图 2.9 进行两次称衡，得天平相应砝码质量分别为 m_3 和 m_4，则

$$\rho' = \frac{m_3 - m_1}{m_3 - m_4} \rho_0 \tag{2.9}$$

以上方法适用于浸入液体后其性质不发生变化的物体密度的测量。

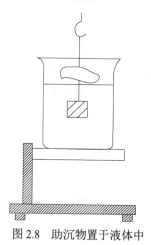 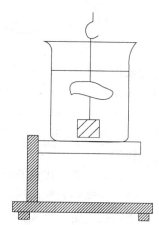

图 2.8　助沉物置于液体中　　　　　图 2.9　石蜡与助沉物均置于液体中

2. 流体静力称衡法测量液体的密度

在上述测量的基础上，将固体放入被测密度为 ρ'' 的液体中称衡质量为 m_2，则有

$$mg - m_2 g = \rho'' g V \tag{2.10}$$

将式（2.7）代入式（2.10）得

$$\rho'' = \frac{m - m_2}{m - m_1} \rho_0 \tag{2.11}$$

3. 比重瓶法测量液体的密度

图 2.10　比重瓶

比重瓶的形状如图 2.10 所示。瓶塞的中间有一个毛细管，当比重瓶装满液体后，塞紧瓶塞，多余的液体就从毛细管溢出，从而保证比重瓶内液体的体积固定不变。比重瓶的容积即为被测液体的体积。比重瓶的容积可以用已知密度的液体测出。

比重瓶法测量液体密度的步骤如下：①测出空比重瓶的质量 m_0；②测比重瓶装满被测液体后的质量 m_1；③将被测液体倒出，装满已知密度为 ρ_0 的液体，并测出其质量为 m_2。被测液体的密度为

$$\rho = \frac{m_1 - m_0}{m_2 - m_0} \rho_0 \tag{2.12}$$

4. 比重瓶法测量固体小颗粒的密度

用比重瓶测量不溶于液体的小块固体（大小要能放入瓶内）的密度 ρ 时，可依次称出被测固体在空气中的质量 m_1，装满纯水的比重瓶和纯水的总质量 m_3，以及装满纯水

的比重瓶内投入小块固体的总质量 m_4，显然

$$m_1 + m_3 - m_4 = \rho_0 V$$

式中，V 为投入瓶内小块固体的总体积；ρ_0 为纯水的密度。考虑到 $m_1 = \rho V$，ρ 是被测固体的密度，所以

$$\frac{m_1}{m_1 + m_3 - m_4} = \frac{\rho}{\rho_0}$$

即密度为

$$\rho = \frac{m_1}{m_1 + m_3 - m_4} \rho_0 \tag{2.13}$$

【实验内容】

1. 用流体静力称衡法测量固体和液体密度

（1）测量钢块的密度。

① 用天平称量钢块在空气中的质量 m。

② 用天平称量钢块在水中的质量 m_1，室温下纯水的密度 ρ_0 可由附录 3 查出（**注意：物体完全浸入但悬浮在水中时不要接触杯子**）。由式（2.8）可算出钢块的密度 $\rho_{钢}$。

（2）测量石蜡的密度。因石蜡密度较小，不能自行浸入水中，故将石蜡与钢块拴在一起，分别按图 2.8 和图 2.9 进行两次称衡，得天平相应砝码质量分别为 m_3 和 m_4。由式（2.9）可以算出石蜡的密度 $\rho_{蜡}$。

（3）测量液体的密度。用天平称量钢块在被测液体中的质量 m_2，由式（2.11）可以算出被测液体的密度 $\rho_{液}$。

（4）计算不确定度，写出测量结果。

2. 用比重瓶法测量液体的密度

（1）将比重瓶内外洗净，且内外烘干，测出空比重瓶的质量 m_0。

（2）将比重瓶装满被测液体，塞紧瓶塞，使被测液体充满到瓶塞顶端，用吸水纸吸干溢到瓶外的液体，测出比重瓶装满被测液体后的质量 m_1。

（3）将被测液体倒出，再次将比重瓶内外洗净，且内外烘干。再装满已知密度为 ρ_0 的液体，且塞紧瓶塞，使液体充满到瓶塞顶端，用吸水纸吸干溢到瓶外的液体，测出比重瓶装满已知液体后的质量 m_2。

（4）用式（2.12）可以算出被测液体的密度。

（5）推导出相对不确定度 E 的表达式，写出测量结果。

3. 用比重瓶测量固体小颗粒的密度

实验步骤和数据表格自拟。

4. 误差分析

用流体静力称衡法确定固体的体积，是用质量的测量代替体积的测量，其方法不受物体

形状的限制，凡在所选用的液体中不发生性质变化的物体均可用此方法。但是，用天平测量物体质量的误差是来自多方面的，如天平不等臂、砝码的误差、天平灵敏度的限制等。天平的估读误差（即由视差及天平指针指示灵敏程度的限制造成的示值偏差）为$\pm 0.02\times 10^{-3}$kg。另外，测固体密度时悬线越细，浸入液体部分越少越好，且不吸附液体的金属线或尼龙线比棉线要好。可见，引起误差的原因很多，实验中应仔细分析，找到可行的解决方法。

【数据处理】

将实验测得的数据填入表2.5和表2.6。

表 2.5　流体静力称衡法测量固体和液体的密度

天平型号_____　　分度值_____　　仪器误差_____

测量内容	测量值/g
钢块在空气中的质量 m	
钢块在水中的质量 m_1	
钢块在被测液体中的质量 m_2	
钢块在水中、石蜡在水外时的质量 m_3	
钢块和石蜡都在水中时的质量 m_4	

表 2.6　比重瓶法测量液体的密度

测量内容	测量值/g
空比重瓶的质量 m_0	
装满被测液体的质量 m_1	
装满已知液体的质量 m_2	

测量结果：

$$E=\frac{\sigma\rho'}{\rho'}=\underline{\qquad\qquad}, \quad \rho'\pm\sigma\rho'=\underline{\qquad\qquad}$$

知识拓展

在实验中，常用物理天平来称衡物体的质量，现介绍如下。

1. 物理天平的构造

物理天平的构造如图 2.11 所示。天平的横梁上装有三个刀口，中间刀口安置在支柱顶端的玛瑙刀垫上，作为横梁的支点，两侧刀口上各悬挂一秤盘。横梁下面装有一读数指针。当横梁摆动时，指针尖端就在支柱下方的标尺前摆动。支柱下端的制动旋钮可以使横梁上升或下降，横梁下降时，制动架就会把它托住，以保护刀口。横梁两端的两个平衡螺母是天平空载时调平衡用的。

每台物理天平都配有一套砝码。因为1g以下的砝码太小，用起来很不方便，所以在横梁上附有可以移动的游码。支柱左边的杯托盘可以托住不被称衡的物体。

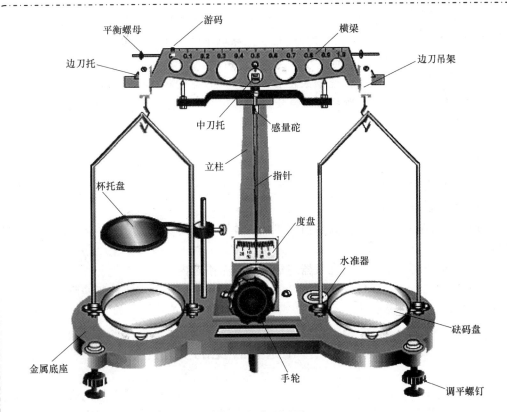

图 2.11　物理天平

2.　物理天平的操作步骤

（1）调水平。调整天平的底脚调平螺钉，使底盘上圆形水准器的气泡处于中心位置（有的天平是使铅锤和底盘上的准钉正对），以保证天平的支柱垂直，刀垫水平。

（2）调零点。先观察各部位是否正确，如托盘是否挂在刀口上。然后要调准零点，即先将游码置于横梁左端零线处，启动天平（即支起横梁），观察指针是否停在中央处（或左右小幅度摆动不超过一分格时是否等偏）。若不平衡，先制动天平，调节平衡螺母，反复数次，调至横梁成水平，制动后待用。

（3）称衡。将待测物体放在左盘，用镊子取砝码放在右盘，增减砝码、游码，使天平平衡。

（4）将制动旋钮（图 2.11 中手轮）向左旋动，放下横梁制动天平，记下砝码和游码读数。把被测物从盘中取出，砝码放回盒中，游码放回零位，最后将秤盘架上刀垫摘离刀口，将天平完全复原。

3.　使用物理天平必须遵守的规则

（1）天平的负载不能超过其最大载荷。

（2）在调节天平、取放物体、取放砝码（包括游码）以及不用天平时，都必须将天平制动，以免损坏刀口。只有在判断天平是否平衡时才能启动天平。天平启动、制动时动作要轻，制动时最好在天平指针接近标尺中线刻度时进行。

（3）待测物体和砝码要放在秤盘正中。砝码不许用手直接拿取，只准用镊子夹取。称量完毕，砝码必须放回盒内一定位置，不得随意乱放。

（4）称衡后，一定要检查横梁是否落下，两秤盘的吊架是否摘离刀口，挂于横梁刀口内侧，砝码是否按顺序放回原处。

 思考题

（1）使用天平进行测量前应先做哪些调节？使用过程中有哪些注意事项？如何消除天平的不等臂误差？如何保护天平的刀口？

（2）用流体静力称衡法、比重瓶法测量物体密度的原理各是什么？两种方法各有什么优点和缺点？

（3）试分析相对误差是否在仪器造成的误差范围之内。

（4）假如某待测固体能溶于水，但不能溶于某种液体，若用比重瓶法测量该固体的密度，应如何进行测量？

2.4　空气比热容比的测定

气体的定压比热容与定容比热容都是热力学过程中的重要参量，其比值 γ 称为气体的比热容比，也叫泊松比。测定比热容比在绝热过程的研究中有许多应用，如气体的突然膨胀或压缩、声音在气体中传播等都与比热容比有关。

【实验目的】

（1）用绝热膨胀方法测定空气的比热容比。

（2）观察热力学过程中的状态变化及基本物理规律。

（3）学习气体压力传感器和电流型集成温度传感器的原理及使用方法。

【实验仪器】

储气瓶（包括进气活塞、橡皮塞）、传感器（扩散硅压力传感器、电流型集成温度传感器）、数字电压表、Forton 式气压计。

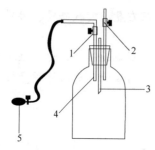

图 2.12　实验装置

1. 进气活塞；2. 放气活塞；3. 温度传感器 AD590；
4. 气体压力传感器；5. 打气气球

实验装置如图 2.12 所示。其中温度传感器 AD590 是新型半导体温度传感器，温度测量灵敏度高，线性好，测量范围为 $-50 \sim +150 ℃$。AD590 接 6V 直流电源后组成一个稳流源，它的灵敏度为 $1\mu A/℃$，若串接 5kW 电阻，可产生 $5mV/℃$ 的信号电压，接 $0 \sim 2V$ 量程的数字电压表，可检测到最小 $0.02℃$ 的温度变化。其中气体压力传感器，由同轴电缆线输出信号，与仪器内的放大器和数字式电压表相接。当待测气体压强为 $p_0 + 10.00kPa$ 时，数字电压表显示为 200mV；仪器测量气体压强的灵敏度为 20mV/kPa，测量精度为 5Pa。

【实验原理】

1. 关于比热容

比热容就是在一定条件下每升高（或降低）单位温度时吸收（或放出）的热量。确切地讲，比热容 c 是随温度变化的，定义时应取 $\Delta T \to 0$ 的极限：$c = \lim\limits_{\Delta T \to 0} \dfrac{\Delta Q}{\Delta T}$。

根据热力学第一定律：$\Delta Q = \Delta U + p\Delta V$，当体积恒定（$\Delta V = 0$）时，$\Delta Q = (\Delta U)_V$，故定体比热容为

$$c_V = \lim_{\Delta T \to 0} \frac{(\Delta U)_V}{\Delta T} = \left(\frac{\partial U}{\partial T}\right)_V \tag{2.14}$$

在压强恒定（$\Delta p = 0$）的条件下，$p\Delta V = \Delta(pV)$，由热力学第一定律

$$\Delta Q = (\Delta U + p\Delta V)_p = [\Delta(U + pV)]_p \equiv (\Delta H)_p \tag{2.15}$$

定义 $H = U + pV$ 是一个新的态函数，称为焓，于是定压比热容为

$$c_p = \lim_{\Delta T \to 0} \frac{(\Delta H)_p}{\Delta T} = \left(\frac{\partial H}{\partial T}\right)_p \tag{2.16}$$

对于理想气体，忽略了分子间相互作用的势能，其内能 U 和定容比热容 c_V 都只是温度 T 的函数，所以理想气体的内能为 $U(T) = \int_{T_0}^{T} c_V \mathrm{d}T + U_0$，而对于理想气体的 $pV = nRT$，也是 T 的函数，故理想气体的焓也只是 T 的函数。

$$H(T) = U(T) + pV = U(T) + nRT = \int_{T_0}^{T} c_V \mathrm{d}T + nRT + U_0 \tag{2.17}$$

所以式（2.14）和式（2.16）中的偏微商都可以写作全微商，故理想气体的定压比热容为

$$c_p = \frac{\mathrm{d}H}{\mathrm{d}T} = \frac{\mathrm{d}U}{\mathrm{d}T} + nR = c_V + nR$$

或者

$$c_p - c_V = nR \tag{2.18}$$

2. 绝热过程

如果物质在状态变化的过程中没有与外界交换热量，称为绝热过程。通常把一些进行较快（仍可以是准静态的）而来不及与外界交换热量的过程，近似看作绝热过程。在绝热过程中 $Q = 0$，根据热力学第一定律：

$$A = U_2 - U_1 = \int_{T_0}^{T} c_V \mathrm{d}T \tag{2.19}$$

我们看到在绝热过程中，如果是理想气体，其 p、V、T 三个状态参量都在变化。考虑无限小的元过程，对理想气体的状态方程 $pV = nRT$ 两边分别微分，得 $p\mathrm{d}V + V\mathrm{d}p = nR\mathrm{d}T$。将式（2.19）用于此过程，有 $\mathrm{d}A = -p\mathrm{d}V = c_V \mathrm{d}T$，从以上两式中消去 $\mathrm{d}T$，得

$$\frac{c_V + nR}{c_V} p\mathrm{d}V = -V\mathrm{d}p \tag{2.20}$$

根据式（2.18）和式（2.20）有 $\dfrac{c_v + nR}{c_v} = \dfrac{c_p}{c_v}$，两个比热容之比经常在绝热过程中出现，我们把它定义为 $\gamma = \dfrac{c_p}{c_v}$，于是式（2.20）可以化为 $\dfrac{\mathrm{d}p}{p} + \gamma \dfrac{\mathrm{d}V}{V} = 0$，在一定温区内 γ 可以看作常数，在这种情况下将上式积分，得 $\ln p + \gamma \ln V = $ 常量，或

$$pV^{\gamma} = 常量 \tag{2.21}$$

式（2.21）称为泊松公式，也就是绝热过程的状态方程，γ 称为绝热系数，也就是比热容比。

从微观的角度考虑理想气体的摩尔比热容，它只依赖于被激发起来的自由度，即

$$c_v^{\mathrm{mol}} = \frac{1}{2}(t+r+2s)\,R, \quad c_v^{\mathrm{mol}} = \left[\frac{1}{2}(t+r+2s)+1\right]R$$

空气的主要成分氮气和氧气都是双原子分子，而且常温下振动自由度冻结，所以 $c_v = \dfrac{5n}{2}R$，$c_p = \dfrac{7n}{2}R$，即常温下对双原子分子气体 $\gamma = 1.4$，对单原子分子气体 $\gamma = \dfrac{5}{3}$。

3．实验设计

让一定质量的气体经历以下几个过程的状态变化，从状态 I（p_1，V_1，T_0）绝热膨胀到状态 II（p_0，V_2，T_1），因为是绝热膨胀，所以此状态的温度降低了，然后让气体等容升温到状态Ⅲ（p_2，V_2，T_0），也就是状态 I（p_1，V_1，T_0）与状态Ⅲ（p_2，V_2，T_0）

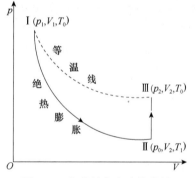

图 2.13　气体的状态变化曲线

等温，其中 T_0 指的是温室，变化过程如图 2.13 所示。

I → II 是绝热过程，由绝热过程的状态方程可得

$$p_1 V_1^{\gamma} = p_0 V_2^{\gamma} \tag{2.22}$$

状态 I 和状态Ⅲ的温度相同，由等温过程的状态方程可得

$$p_1 V_1 = p_2 V_2 \tag{2.23}$$

合并式（2.22）和式（2.23），并消去 V_1、V_2 得

$$\gamma = \frac{\ln p_1 - \ln p_0}{\ln p_1 - \ln p_2} = \frac{\ln p_1 / \ln p_0}{\ln p_1 / \ln p_2} \tag{2.24}$$

由式（2.24）可以看出，只要测得三个状态的压强 p_0、p_1、p_2，就可以求得空气的绝热系数，即比热容比 γ。

【实验内容】

（1）接好仪器的电路，AD590 的正负极请勿接错。用 Forton 式气压计测定大气压强 p_0，开启电源，将电子仪器部分预热 20min，然后用调零电位器把压强测量表示值调到 0mV。

（2）关闭放气活塞，打开进气活塞，用打气球使空气稳定地徐徐进入储气瓶内，关闭进气活塞时瓶内的温度和压强会增加，等温度与压强稳定后，用气体压力传感器和温度传感器 AD590 测量空气的压强和温度，记录瓶内压强均匀稳定时的压强 p_1' 和温度 T_1'（此时瓶内的全部气体并不是我们的研究对象）。

（3）突然打开放气活塞，当储气瓶的空气压强降低至环境大气压强 p_0 时（这时放气声消失），迅速关闭放气活塞（现在瓶内的剩余气体是我们要研究的对象）。由于此过程

进行迅速，可以近似认为是绝热的，此时瓶内温度会有所下降。

（4）当瓶内空气的温度上升稳定至 T_2' 时记下瓶内气体的压强 p_2'，要求 T_2' 和 T_1' 尽量相同。

（5）重复上述过程 4～5 次，用公式（2.24）进行计算，求得空气比热容比值。

【数据处理】

在表 2.7 中记录 p_0、p_1'、T_1'、p_2'、T_2'，并利用下面公式计算 p_1、p_2，利用式（2.24）计算 γ。

$$p_1 = p_0 + (p_1'/2000); \quad p_2 = p_0 + (p_2'/2000)$$

表 2.7　p 与 T 的值

$p_0/(10^5 \text{Pa})$	$p_1'/(10^5 \text{Pa})$	T_1'/K	$p_2'/(10^5 \text{Pa})$	T_2'/K	$p_1/(10^5 \text{Pa})$	$p_2/(10^5 \text{Pa})$	γ

理论值 $\gamma = 1.402$，$\bar{\gamma} = $ _____，相对误差 $E = \dfrac{|\bar{\gamma} - \gamma|}{\gamma} \times 100\% = $ _____。

注意：

（1）在打开放气活塞放气时，当听到放气声结束时应迅速关闭活塞，提早或推迟关闭活塞，都将影响实验结果，引入误差。由于数字电压表尚有滞后显示，所以关闭放气活塞用听声更可靠些。

（2）实验要求环境温度基本不变，如发生环境温度不断下降的情况，可在离实验仪器较远处适当加温，以保证实验正常进行。

（3）气体压力传感器探头与测量仪器（主机）配套使用，其上都有编号相对应，各台仪器之间不可互相换用。

思考题

（1）试推导空气比热容比的理论值。

（2）本实验中测量温度为何要用 AD590 温度传感器？它有何优点？是否可用汞温度计替代？

（3）本实验中为何要将瓶中气体压强绝热降至大气压强？如果关闭放气活塞较晚，对测量结果有何影响？

2.5　刚体转动惯量的测量

转动惯量是刚体转动时惯量大小的度量，是表明刚体特性的一个物理量。刚体转动惯量除了与物体的质量有关外，还与转轴的位置和质量分布（即形状、大小和密度分布）有关。如果刚体形状简单，且质量分布均匀，可以直接计算出它绕特定转轴的转动惯量。

对于形状复杂、质量分布不均匀的刚体，计算将极为复杂，通常采用实验方法来测定。

2.5.1　三线摆法

【实验目的】

（1）会用三线摆法测定物体的转动惯量。

（2）验证平行轴定理。

【实验仪器】

三线摆。

【实验原理】

图 2.14 为三线摆实验装置示意图。三线摆是上、下两个匀质圆盘，通过三条等长的摆线（摆线为不易拉伸的细线）连接而成。上、下圆盘的三悬点构成等边三角形，下盘处于悬挂状态，并可绕 OO' 轴线做扭转摆动，称为摆盘。由于三线摆的摆动周期与摆盘的转动惯量有一定关系，所以以把待测样品放在摆盘上后，三线摆系统的摆动周期就要相应地随之改变。这样，据摆动周期、摆动质量及有关的参量，就能求出摆盘系统的转动惯量。

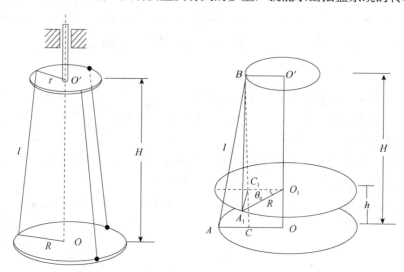

图 2.14　三线摆实验装置示意图

设下盘质量为 m_0，当它绕 OO' 扭转的最大角位移为 θ_0 时，圆盘的中心位置升高 h，这时圆盘的动能 E_k 全部转变为重力势能 E_p，因而有 $E_p = m_0 gh$。

当下盘重新回到平衡位置时，重心降到最低点，这时最大角速度为 ω_0，重力势能 E_p 被全部转变为动能 E_k，因而有 $E_k = \frac{1}{2} I_0 \omega_0^2$，式中，$I_0$ 是下盘对于通过其重心且垂直于盘面的 OO' 轴的转动惯量。如果忽略摩擦力，根据机械能守恒定律可得

$$m_0 gh = \frac{1}{2} I_0 \omega_0^2 \tag{2.25}$$

设悬线长度为 l，下盘悬线距圆心为 R，当下圆盘转过一角度 θ_0 时，从上圆盘 B 点作下圆盘垂线，与升高 h 前、后下圆盘分别交于 C 和 C_1，如图 2.14 所示，则有

$$h = BC - BC_1 = \frac{(BC)^2 - (BC_1)^2}{BC + BC_1}$$

因为

$$(BC)^2 = (AB)^2 - (AC)^2 = l^2 - (R-r)^2$$

$$(BC_1)^2 = (A_1B)^2 - (A_1C_1)^2 = l^2 - (R^2 + r^2 - 2Rr\cos\theta_0)$$

所以

$$h = \frac{2Rr(1-\cos\theta_0)}{BC + BC_1} = \frac{4Rr\sin^2\frac{\theta_0}{2}}{BC + BC_1}$$

在扭转角 θ_0 很小的情况下，摆长 l 很长时，$\sin\frac{\theta_0}{2} \approx \frac{\theta_0}{2}$，而 $BC + BC_1 \approx 2H$，其中 $H = \sqrt{l^2 - (R-r)^2}$，式中，H 为上、下两盘之间的垂直距离；r 为上盘半径，则

$$h = \frac{Rr\theta_0^2}{2H} \tag{2.26}$$

由于下盘的扭转角 θ_0 很小（一般在 $5°$ 以内），摆动可看作简谐振动，则圆盘的角位移与时间的关系是 $\theta = \theta_0 \sin\frac{2\pi}{T_0}t$，式中，$\theta$ 是圆盘在时间 t 时的角位移，θ_0 是角振幅，T_0 是振动周期。若认为振动的初相位是零，则角速度为 $\omega = \frac{d\theta}{dt} = \frac{2\pi\theta_0}{T_0}\cos\frac{2\pi}{T_0}t$，经过平衡位置时 $t = 0$，$T_0/2$，T_0，$3T_0/2$，…的最大角速度为

$$\omega_0 = \frac{2\pi}{T_0}\theta_0 \tag{2.27}$$

将式（2.26）和式（2.27）代入式（2.25）可得

$$I_0 = \frac{m_0 gRr}{4\pi^2 H}T_0^2 \tag{2.28}$$

实验时，测量出 m_0、R、r、H 和 T_0，由式（2.28）求出圆盘的转动惯量 I_0。如果在下盘上放上质量为 m 的被测量物体，转动惯量为 I（对 OO' 轴），测出整个装置周期为 T，则有

$$I + I_0 = \frac{(m+m_0)gRr}{4\pi^2 H}T^2 \tag{2.29}$$

从式（2.29）减去式（2.28）得到被测量物体的转动惯量 I 为

$$I = \frac{gRr}{4\pi^2 H}[(m+m_0)T^2 - m_0 T_0^2] \tag{2.30}$$

对于质量为 m，内、外直径分别为 d、D 的均匀圆环，理论上通过其中心的垂直轴线的转动惯量为

$$I = \frac{1}{2}m\left[\left(\frac{d}{2}\right)^2 + \left(\frac{D}{2}\right)^2\right] = \frac{1}{8}m(d^2 + D^2)$$

而对于质量为 m_0、直径为 D_0 的圆盘，相对于中心轴的转动惯量为

$$I_0 = \frac{1}{8} m_0 D_0{}^2$$

【实验内容】

1. 测量下盘和圆环对中心轴的转动惯量

（1）调节上盘绕线螺钉使三根线等长（50cm 左右）；调节底脚螺钉，使上、下盘处于水平状态（水平仪放于下圆盘中心）。

（2）待三线摆静止后，用手轻轻扭转上盘 5° 左右，然后迅速扭回，使下盘绕仪器中心轴做小角度扭转摆动（不应伴有晃动）。用数字毫秒计测出 50 次完全振动的时间 t_0，重复测量三次求其平均值，并计算出下盘空载时的振动周期 T_0。

（3）将待测圆环放在下盘上，使它们的中心轴重合。再用数字毫秒计测出 50 次完全振动的时间 t，重复测量三次求平均值，算出此时的振动周期 T。

（4）测出圆环质量 m，内、外直径 d、D 及仪器有关参量（m_0、R、r、和 H 等）。

因下盘对称悬挂，使三悬点正好连成一等边三角形（图 2.15）。若测得两悬点间的距离为 L，则圆盘的有效半径 R（圆心到悬点的距离）等于 $L/\sqrt{3}$。

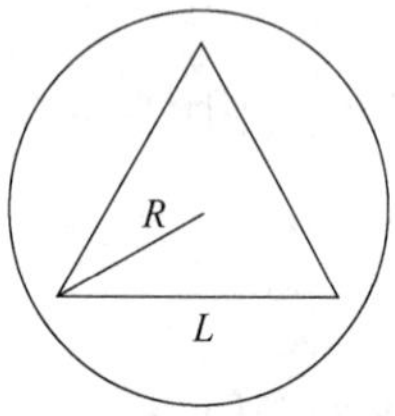

图 2.15　下盘悬点示意图

（5）将实验数据填入表 2.8 中。先由式（2.28）推出 I_0 的相对不确定度公式，算出 I_0 的相对不确定度、不确定度，并写出 I_0 的测量结果。再由式（2.30）算出圆环对中心轴的转动惯量 I，并与理论值比较，计算出不确定度、相对不确定度，写出 I 的测量结果。

2. 验证平行轴定理

将两个相同的圆柱体对称地置于下圆盘上，如图 2.16 所示，圆柱体中心到下盘中心的距离均为 x。设圆柱体的质量为 m_1，对圆柱体轴线的转动惯量为 I_1，根据平行轴定理，如图 2.16 所示放置圆柱体时，下盘加圆柱体后的转动惯量为 $I_0+2(I_1+m_1x^2)$。

其总质量为 m_0+2m_1，根据式（2.28）可得 $T_0{}^2=\dfrac{4\pi^2 H}{m_0 gRr}I_0$，从而有

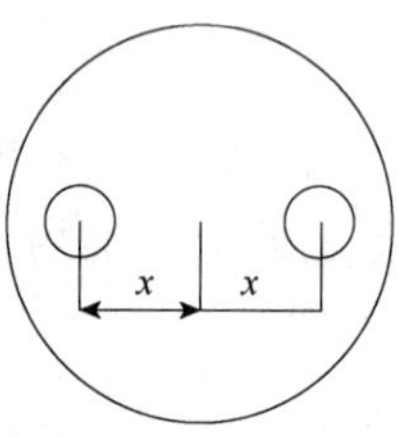

$$T^2 = \frac{4\pi^2 H}{(m_0+2m_1)\,gRr}[I_0+2(I_1+m_1x^2)]$$

图 2.16　验证平行轴定理

此式可以写成

$$T^2 = \left[\frac{4\pi^2 H}{(m_0+2m_1)\,gRr}(I_0+2I_1)\right] + \left[\frac{4\pi^2 H \cdot 2m_1}{(m_0+2m_1)\,gRr}\right]x^2$$

测量时，从 $x=0$ 开始改变圆柱体的位置，测出各 x 值的周期，作 T^2-x^2 直线，该直线的斜率等于 $\dfrac{4\pi^2 H \cdot 2m_1}{(m_0+2m_1)\,gRr}$，直线的纵轴截距等于 $\dfrac{4\pi^2 H}{(m_0+2m_1)\,gRr}(I_0+2I_1)$，直线的截距和斜

率的比值等于 $\dfrac{I_0+2I_1}{2m_1}$。验证平行轴定理，就是检验：

（1）T^2-x^2 是否为线性关系。

（2）直线的斜率与截距的比值是否等于 $\dfrac{I_0+2I_1}{2m_1}$（在误差范围内）。

【数据处理】

（1）下盘质量 $m_0=$ _____g，圆环质量 $m=$ _____g。其他实验数据填入表 2.8。

表 2.8　三线摆数据记录表

待测物体	待测量	测量次数			平均值
		1	2	3	
上盘	半径 r/cm				
下盘	有效半径 $\left(R=\dfrac{L}{\sqrt{3}}\right)$/cm				
	周期 $\left(T_0=\dfrac{t_0}{50}\right)$/s				
上、下盘	垂直距离 H/cm				
圆环	内径 d/cm				
	外径 D/cm				
下盘加圆环	周期 $\left(T=\dfrac{t_0}{50}\right)$/s				
下盘加圆柱	$x=0$cm，周期 T/s				
	$x=2$cm，周期 T/s				
	$x=4$cm，周期 T/s				
	$x=6$cm，周期 T/s				

（2）根据表 2.8 中数据计算出相应量，并将测量结果表达为

下盘：$\overline{I_0}=$ _____ g·cm^2；　$\sigma I_0=$ _____ g·cm^2；

$E=\dfrac{\sigma I_0}{I_0}=$ _____ %；　$I_0=\overline{I_0}\pm\sigma I_0=$ _____ g·cm^2。

圆环：$\overline{I}=$ _____ g·cm^2；　$\sigma I=$ _____ g·cm^2；

$E=\dfrac{\sigma I}{\overline{I}}=$ _____ %；　$I=\overline{I}\pm\sigma I=$ _____ ± _____ g·cm^2。

（3）验证平行轴定理：作出 T^2-x^2 直线，求出直线的截距与斜率的比值。

思考题

（1）在下盘上同心加载一半径较小的测圆盘，此时三线摆的周期与空载时的周期相

比有何变化？说明原因。

（2）能否设计其他实验方案验证平行轴定理？

2.5.2　刚体转动法

【实验目的】

（1）了解多功能计数及计时毫秒仪实时测量的基本方法。

（2）会用刚体转动法测定物体的转动惯量。

（3）验证平行轴定理。

【实验仪器】

转动惯量测量仪。

【实验原理】

1. 转动力矩、转动惯量和角加速度的关系

实验装置如图 2.17 所示。当塔轮系统受外力作用时，系统做匀加速转动。塔轮系统所受的外力矩有两个，一个为绳子张力 F 产生的力矩 $M=F\cdot r$，r 为塔轮上绕线轮的半径；另一个为摩擦力矩 M_μ，所以

$$M+M_\mu=I_0\beta_2$$

即

$$F\cdot r+M_\mu=I_0\beta_2 \tag{2.31}$$

式中，β_2 为系统的角加速度，此时为正值；I_0 为转动系统的转动惯量；M_μ 为摩擦力矩，数值为负。由牛顿第二定律可知，设砝码 m 下落时的加速度为 a，则运动方程为 $mg-F=m\cdot a$。绳子张力 $F=m(g-r\cdot\beta)$。

当砝码与绕线塔轮脱离后，此时砝码力矩 $M=0$，摩擦力矩 M_μ 使系统做角减速运动。角加速度 β_1 的数值为负。

$$M_\mu=I_0\cdot\beta_1 \tag{2.32}$$

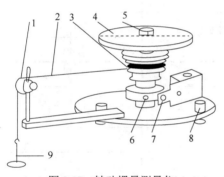

图 2.17　转动惯量测量仪

1. 定滑轮；2. 挂线；3. 塔轮系统；4. 铝制圆盘；
5. 固定螺母；6. 磁钢；7. 霍尔传感器；
8. 底盘调平螺母；9. 砝码

由式（2.31）和式（2.32）可得

$$m(g-r\cdot\beta_2)\cdot r+I_0\beta_1=I_0\beta_2$$

$$I_0=\frac{m(g-r\cdot\beta_2)\cdot r}{\beta_2-\beta_1} \tag{2.33}$$

2. 角加速度的测量

设转动体系 $t=0$ 时刻初角速度为 ω_0，角位移为 0，转动 t 时间后，其角位移为 θ，转动中角加速度为 β，则 $\theta=\omega_0 t+\frac{1}{2}\beta\cdot t^2$，若测得 θ_1、θ_2 及与其对应的时间 t_1、t_2，则由

$$\theta=\omega_0 t_1+\frac{1}{2}\beta\cdot t_1^2，\quad \theta_2=\omega_0 t_2+\frac{1}{2}\beta\cdot t_2^2$$

可以解得

$$\beta = \frac{2(\theta_2 t_1 - \theta_1 t_2)}{t_2^2 \cdot t_1 - t_1^2 \cdot t_2} \qquad (2.34)$$

实验时角位移 θ_1、θ_2 可取 2π，4π，…，实验转动系统转过 π 角位移，计数计时毫秒仪的计数窗内计数次数 $+1$，计数为 0 作为角位移开始时刻，实时记录转过 π 角位移的时刻，计算角位移时间时应减去角位移开始时刻，应用式（2.34）得到角加速度。

在求角加速度 β_1 时，注意砝码挂线与绕线塔轮脱离的时刻，以下一时刻作为角位移起始时刻；计算角位移时间时，减去该角位移的起始时刻，在该时间段内系统角加速度为负。

3. 线性回归法计算角加速度

用多功能计数计时毫秒仪实时测出角位移时刻，在系统转动过程中（即采集数据的时间内）摩擦力矩 M_μ 基本不变，系统做匀变速运动，方程为 $\theta = \omega_0 t + \dfrac{1}{2} \cdot \beta \cdot t^2$，做如下变换

$$\frac{\theta}{t} = \omega_0 + \frac{1}{2} \beta \cdot t$$

把 $\dfrac{\theta}{t}$ 作为 y，t 作为 x，进行回归运算，由斜率可解得 β，同样方法可解得角减速度 β'。

4. 平行轴定理

设转动体系的转动惯量为 I_0，当有 m_x 的部分质量远离转轴平行移动距离 x 后，体系的转动惯量变为 $I = I_0 + m_x x^2$。

【实验内容】

1. 测量角加速度 β_1 和 β_2

（1）放置仪器，将定滑轮置于实验台外 3～4cm，调节仪器水平。设置计数计时毫秒仪计数次数。

（2）连接传感器和计数计时毫秒仪。红线接 +5V 接线柱，黑线接 GND，黄线接 INPUT。

（3）调节霍尔传感器与磁钢之间的距离为 0.2～0.4cm，复位计数计时毫秒仪，转动磁钢与传感器相对时，计数计时毫秒仪低电平指示灯亮，计时计数开始。

（4）将砝码挂线一端打结，沿塔轮上开的缝隙塞入，并整齐地绕于半径为 r 的塔轮上。

（5）调节滑轮的方向和高度，使挂线与绕线塔轮相切。

（6）释放砝码，系统加速转动，注意砝码落地时的计数数值。

（7）记录计数计时毫秒仪从 0 转过 1π，2π，…角位移相对应的时间。

2. 测量转动惯量

（1）以铝制圆盘（以下简称铝盘）中心孔安装铝盘，组成转动系统，测定系统的转动惯量 I_0。

（2）以铝盘作为载物台，同轴加载钢质环形样品，测定环形样品的转动惯量 I_r，以其理论值 $I_{理}$ 作为真值计算测量值的百分差。

3．验证平行轴定理

以铝盘（质量为 m_0）偏心孔为转轴，偏心距 x_1、x_2 分别为 2cm、3cm 时测定系统的转动惯量 I_1、I_2。计算平移转轴所产生的转动惯量的增量 $\Delta I_i = m_0 x_i^2$，计算出测量值 I_i 及其与理论值 $I_0 + \Delta I_i$ 的百分差。

【数据处理】

圆环质量 $m_1 = $ _____ g；圆环外径 $D = $ _____ mm；圆环内径 $d = $ _____ mm；

圆盘质量 $m_0 = $ _____ g；偏心距 $x_1 = $ _____ mm；$x_2 = $ _____ mm；

将实验测得的其他数据填入表 2.9。

表 2.9　各测量项目不同次数的时间　　　　　单位：s

次	测量 I_0 各次的时间	测量 $I_0 + I_r$ 各次的时间	测量 $I_0 + m_0 x_1^2$ 各次的时间	测量 $I_0 + m_0 x_2^2$ 各次的时间
1				
2				
3				
4				
5				
6				
7				
8				
9				
10				
11				
12				
13				
14				
15				
16				

线性回归法计算：以 $\dfrac{n\pi}{t}$ 为 y，t 为 x，进行线性拟合，计算得 $\beta_2 = $ _____ rad/s^2；

以 10π（次数 8）的时间为新的转动起点，拟合计算得角减速度 $\beta_1 = $ _____ rad/s^2；

将拟合所得的各组 β_1 与 β_2 代入式 (2.33) 计算各项目对应的转动惯量（注意 β_1 为负值）。

 思考题

（1）为什么质量相同的物体其转动惯量却并不相同？物体的转动惯量都与哪些因素有关？

（2）对于质量分布不均匀的物体，如何测定其绕某特定转轴的转动惯量？

2.6　液体表面张力系数的研究

液体表面层的分子有从液面挤入液内的趋势，从而使液体有尽量缩小其表面的趋势，整个液面如同一张拉紧了的弹性薄膜，我们把这种沿着液体表面使液面收缩的力称为表面张力。作用于液面单位长度上的表面张力，称为液体的表面张力系数。当前测定表面张力系数的方法很多，主要有拉脱法、毛细管法、滴重法、最大泡压法、挂片法、脱环法等。本实验采用拉脱法测定水的表面张力系数。

【实验目的】

（1）了解液体表面的性质。

（2）掌握用焦利弹簧秤测量微小力的方法。

（3）研究用拉脱法测定表面张力系数的具体情况。

2.6.1　焦利弹簧秤拉脱法

【实验仪器】

焦利弹簧秤、被测液体、游标卡尺、矩形金属框、烧杯、砝码及托盘等。

【实验原理】

我们设想在液面上作一长为 L 的线段，则表面张力的作用就表现在线段两边的液体以一定的力 f 相互作用，且作用力的方向与 L 垂直，其大小与线段的长度成正比，即 $f = \gamma \cdot L$，式中 γ 为液体的表面张力系数，即作用于液面单位长度上的表面张力。

采用拉脱法测定液体的表面张力系数属于直接测定法，通常采用物体的弹性形变来量度表面张力的大小。

若将一个矩形细金属丝框浸入被测液体内，然后慢慢地将它向上拉出液面，可看到金属丝带出一层液膜，如图 2.18 所示。设金属丝的直径为 a，拉起液膜将破裂时的拉力为 F，膜的高度为 h，膜的宽度为 b，因为拉出的液膜有前、后两个表面，而且其中间有一层厚度近似为 a 的被测液体，且这部分液体有自身的质量，故它所受到的重力为 $mg = bah\rho g$，其中 ρ 为被测液体的密度，g 为当地重力加速度，但由于金属丝的直径很小，所以这一项很小，一般忽略不计。液膜所受表面张力为 $f = 2\gamma(b+a)$，当液膜即将断裂时 $F = f + Mg$，或变形为

$$\gamma = \frac{(F - Mg)}{2(b + a)} \tag{2.35}$$

式中，Mg 为金属框所受重力与浮力之差。

从式（2.35）可以看出，只要测定出 $(F - Mg)$、b、a 等物理量，由式（2.35）便可算出液体的表面张力系数 γ。显然，b、a 都比较容易测出，只有 $F - Mg$ 是一个微小力，用一般的方法难以测准。故本实验的核心是利用焦利弹簧秤测量这个微小力 F。

表面张力系数与液体的种类、纯度、温度和液体上方的气体成分有关。实验表明，液体的温度越高，γ 的值越小；所含杂质越多，γ 的值也越小。

【实验内容】

（1）按照图 2.19 挂好弹簧、小镜子及砝码盘（将图 2.19 中的张力模具 7 替换），调

节三脚底座上的螺钉使小镜子竖直（即小镜子与玻璃套筒的内壁不摩擦）。然后转动旋钮，使"三线"对齐（小镜子上的刻线 G 及玻璃套筒上的水平刻线 D 及玻璃套筒上刻线在小镜子里的像三者对齐）。记录游标零线所指示的标尺上的读数 L_0。

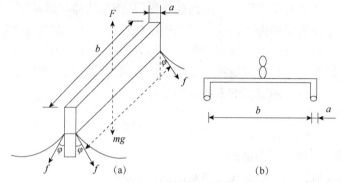

图 2.18　金属框拉出的液膜

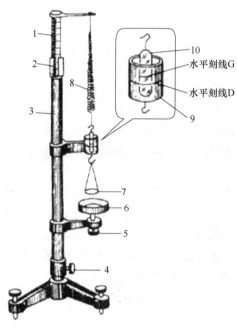

图 2.19　焦利弹簧秤

1. 标尺；2. 游标；3. 立柱；4. 外力柱旋钮；
5. 平台调节旋钮；6. 平台；7. 张力模具；
8. 弹簧；9. 玻璃套筒；10. 小镜子

（2）依次将实验室给定的砝码加在砝码盘（图 2.19 中张力模具 7 此时更换为砝码盘）内，逐次增加至 0.5g，1.0g，…，3.5g（每加一次均需要转动旋钮，重新调到"三线"对齐），分别记录标尺的读数 L_1，L_2，…，L_9，并在表 2.10 中记录数据，然后依次减去 0.5g 砝码，步骤同上，用逐差法求弹簧的劲度系数，即算出劲度系数的平均值及其不确定度。

（3）用酒精棉球仔细擦洗矩形金属丝框架，然后挂在砝码盘下的小钩上，转动旋钮，重新使"三线"对齐，记录游标零线所指示的标尺读数 S_0。

（4）将盛有多半杯蒸馏水的烧杯置于平台上，转动平台下端的旋钮，使矩形金属丝框先浸入水中，然后缓慢地调节旋钮使平台慢慢下降，直至矩形金属丝框横臂高出水面，此时水的表面张力作用在矩形金属丝框架上，小镜子上的弹簧受到向下的表面张力的作用也随之伸长，这样小镜子上的刻线 G 也随着下降，使"三线"不再对齐。眼睛注视玻璃套筒上的水平刻线 D，用另一只手缓缓旋动旋钮，使"三线"重新对齐，同时调节平台旋钮使之再下降，直到矩形金属丝框架下的水膜刚要破裂为止（或刚刚破裂）。先观察几次水膜在调节过程中不断被拉伸，最后破裂的现象。然后把金属丝框架欲要脱离而尚未脱离水膜的一瞬间的标尺上的读数 S_1 记录下来。

（5）重复步骤（3）和（4）五次，测出弹簧的平均伸长（$S-S_0$）及其不确定度，则

$$\overline{(F-Mg)} = \overline{K} \cdot \overline{(S-S_0)} \tag{2.36}$$

（6）记录实验前后的水温，以平均值作为水的温度。测量矩形金属丝框横臂的长度 b、直径 a 的值，并计算 γ 的值及其不确定度。

【数据处理】

将实验测得的数据填入表 2.10 和表 2.11 中。

表 2.10　用逐差法求 K

质量 $m/(10^{-3}\text{kg})$	增重位置 $L_i/(10^{-2}\text{m})$	减重位置 $L_i'/(10^{-2}\text{m})$	平均位置 $\left(\overline{L_i}=\dfrac{L_i+L_i'}{2}\right)$ $/(10^{-2}\text{m})$	$\overline{(L_{i+5}-\overline{L_i})}$ $/(10^{-2}\text{m})$	$V^2_{\overline{L_{i+5}}-\overline{L_i}}$

$$\overline{L_{i+5}-\overline{L_i}} = \underline{\qquad}; \quad \overline{K} = \frac{5mg}{(L_{i+5}-L_i)} = \underline{\qquad}; \quad S(\overline{L_{i+5}-\overline{L_i}}) = \sqrt{\frac{\sum V^2_{\overline{L_{i+5}}-\overline{L_i}}}{n(n-1)}} = \underline{\qquad}。$$

其中 $V^2_{\overline{L_{i+5}}-\overline{L_i}} = \left[\overline{(L_{i+5}-\overline{L_i})} - (\overline{L_{i+5}}-\overline{L_i})\right]^2$。

表 2.11　求 $\overline{S-S_0}$　　　　　　　　单位：10^{-2}m

次数	S_0	S	$S-S_0$	$V^2_{(S-S_0)}$
1				
2				
3				
4				
5				

$$\overline{S-S_0} = \underline{\qquad}; \quad S(\overline{S-S_0}) = \sqrt{\frac{\sum V^2_{(S-S_0)}}{n(n-1)}} = \underline{\qquad}。$$

其中 $V^2_{(S-S_0)} = \left[\overline{(S-S_0)} - (S-S_0)\right]^2$；

$b = \underline{\qquad}\text{m}; \ \sigma_b = \underline{\qquad}\text{m}; \ a = \underline{\qquad}\text{m}; \ \sigma_a = \underline{\qquad}\text{m}; \ T = \underline{\qquad}℃。$

测量结果：$\overline{\gamma} = \dfrac{\overline{K} \cdot \overline{(S-S_0)}}{2(a+b)} = \underline{\qquad}。$

$$E(\gamma)=\sqrt{\left[\frac{S(L_{i+5}-L_i)}{L_{i+5}-L_i}\right]^2+\left[\frac{S(S-S_0)}{S-S_0}\right]^2+\left[\frac{\gamma_b+\gamma_a}{b+a}\right]^2}=\underline{\qquad}\%;\quad\sigma_r=\overline{\gamma}E(\gamma)=\underline{\qquad}。$$

结果表示：$\gamma=\overline{\gamma}\pm\sigma_r=\underline{\qquad}$；$U_r=\underline{\qquad}\%$。

注意：

（1）实验时矩形金属丝框不能倾斜，否则矩形金属丝框拉出水面时液膜将过早地破裂，给实验带来误差。

（2）矩形金属丝先用酒精灯烧红，清洗后不允许用手碰。

（3）焦利弹簧秤中使用的弹簧是易损精密器件，要轻拿轻放，切忌用力拉。

知识拓展

如图2.19所示，焦利弹簧秤实际上是一个精细的弹簧秤，是测量微小力的仪器。在直立的金属套筒内设有可上下移动的金属杆，标尺的上端设有游标，标尺的横梁上悬一根细弹簧，下端挂有小镜子，并有水平刻线G（也称指标杆G），G的下方设一小钩，用来悬挂砝码盘或矩形金属丝框架。金属套筒的中下部附有刻有横线的玻璃套筒和能够上下移动的平台。金属套筒的下端设有旋钮4，转动旋钮可使标尺上下移动，移动的距离由标尺上的刻度和游标来确定。

使用时，先按照图2.19正确安装仪器，使带刻线的小镜子穿过玻璃套筒的内部，并使镜面朝外。调节底座上的螺钉，使小镜子沿竖直方向振动时不与玻璃套筒发生摩擦。然后应旋转旋钮，使小镜子上的刻线与玻璃套筒上的刻线及玻璃套筒上刻线在小镜子里的像三者相互对齐，即所谓"三线"对齐。用这种方法保证弹簧下端的位置是固定不变的，而弹簧的上端可以向上伸长。需要确定弹簧的伸长量时，可由标尺和游标来确定（即伸长前、后两次的读数之差）。

根据胡克定律，在弹性限度内，弹簧的伸长量Δx与所加的外力F成正比，即$F=K\Delta x$，式中K是弹簧的劲度系数。对一特定的弹簧，K值是确定的。如果将已知质量的砝码加在砝码盘中，测出弹簧的伸长量，即可算出弹簧的K值，这一步骤称为焦利弹簧秤的校准。使用焦利弹簧秤测量微小力时，应先校准。利用校准后的焦利弹簧秤，就可测出弹簧的伸长量，从而求得作用于弹簧上的外力F。

弹簧的劲度系数越小，就越容易伸长，即弹簧越细，各螺旋环的半径越大，弹簧的圈数越多，K值就越小，弹簧越容易伸长。同时弹簧材料的切变模量越小，弹簧越容易伸长。选用K值小的弹簧，其测量微小力的灵敏度就高。所以本实验中，一定要获知弹簧的最大负荷值，并在有关实验人员的指导下操作，并且在使用、安装焦利弹簧秤过程中一定要轻拿轻放，倍加爱护。

思考题

（1）为使所测的表面张力系数能有三位有效数字，所使用的弹簧的劲度系数应满足什么要求？

（2）实验中如果金属丝框架不水平，对所测结果有何影响？

2.6.2 电子天平拉脱法

【实验仪器】

电子天平、弹簧秤。

【实验原理】

实验装置如图 2.20 所示。用金属细杆代替焦利弹簧秤上的弹簧，细杆下面挂好具有一定高度与厚度的铝质圆环（以下简称铝环）或其他模具，如金属框、金属片等。电子天平（感量为 0.02g）调节水平后，放上装有蒸馏水的玻璃器皿。转动焦利弹簧秤的转动旋钮，通过细杆吊着的铝环缓慢从玻璃器皿中拉出水膜。当水

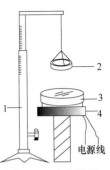

图 2.20 实验装置
1. 焦利弹簧秤；2. 铝环；
3. 玻璃器皿；4. 电子天平

平的铝环要浸入液面且下沿刚好与水面接触时将电子天平的示数置零，在拉出水膜的过程中读出天平的读数 m，则可用 mg 表示表面张力的大小。如果用 d、D 表示铝环的内、外直径，那么表面张力系数可用式（2.37）计算。

$$\gamma = \frac{mg}{\pi(d+D)} \tag{2.37}$$

当圆环刚要离开液面时天平就会有一个读数（读数为负值，器皿中的液体受到了向上的表面张力），随着液膜高度的增加，天平读数也增加，但在液膜破裂前天平读数又开始减小，即在液膜拉伸的过程中天平的读数有一极大值。仔细分析铝环的受力情况：由于拉伸过程是缓慢进行的，所以铝环受力可视为平衡态，受力分析如图 2.21 所示。

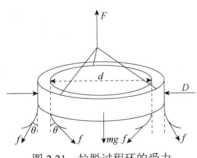

图 2.21 拉脱过程环的受力

对于拉脱过程的铝环，其受力满足：

$$F = mg + f\cos\theta = mg + \gamma \cdot \pi (d+D) \cos\theta$$

式中，F 为铝环受到向上的拉力；mg 为其重力；$f\cos\theta$ 为表面张力在竖直方向的分量。在液膜拉伸过程中随着液膜高度 h 的增加，表面张力与竖直方向的夹角 θ 在减小，当 $\theta=0$ 时，F 与器皿中液体受到的液膜表面张力取得极大值，可以认为液膜与铝环等厚。此时 f 沿竖直方向（f 为铝环所受到的表面张力），此时的铝环受力满足：

$$F = mg + \gamma \cdot \pi (d+D) \tag{2.38}$$

随着液膜高度 h 的继续增加，液膜又将变薄（小于铝环的厚度），$f\cos\theta$ 就会随之减小直至液膜高度达到最高而被拉断，液膜在破裂前的瞬间将变得极薄，这个厚度可能相当于分子间引力能够发生作用的距离。

【实验内容】

（1）用游标卡尺测量铝环的内外直径。

（2）在水平的铝环下沿刚好与液面接触时记录焦利弹簧秤的读数 h_0。

（3）旋转焦利弹簧秤旋钮使铝环缓慢上升，当电子天平读数出现实验过程中的极大值（绝对值）时，记录此最大值 m_{max} 和焦利弹簧秤读数 h_1。

（4）继续使铝环缓慢上升，当液膜刚刚被拉脱时立即停止转动旋钮，记录液膜刚破

时的天平读数 m_b 与焦利弹簧秤读数 h_2。

【数据处理】

将实验测得的数据填入表 2.12 和表 2.13 中。

表 2.12　铝环内、外直径的数据记录　　　　　　　　　　单位：mm

D	$\overline{D}$	d	$\overline{d}$

表 2.13　液膜不同状态时的数据记录

次数	h_0/mm	h_1/mm	m_{max}/g	h_2/mm	m_b/g	(h_1-h_0)/mm	(h_2-h_0)/mm
1							
2							
3							
4							
5							
6							
7							
8							
9							
10							

天平读数为极大值时 $\overline{m_{max}}$ ＝＿＿＿＿＿＿＿g；$\overline{h_1-h_0}$ ＝＿＿＿＿＿＿＿mm。

液膜拉脱时 $\overline{m_b}$ ＝＿＿＿＿＿＿＿g；$\overline{h_2-h_0}$ ＝＿＿＿＿＿＿＿mm。

如果用实验过程中的极大值 $\overline{m_{max}}$ 计算，由式（2.37）得 γ ＝＿＿＿＿＿＿＿N/m。

如果以液膜拉脱时的读数 $\overline{m_b}$ 来计算，由式（2.37）得 γ ＝＿＿＿＿＿＿＿N/m。

换不同厚度的拉脱模具重复实验，测量结果与误差的分析由实验者自行进行。

思考题

（1）试评定本方法所测表面张力系数的不确定度。

（2）比较分别用天平读数极大值与拉脱值所计算的表面张力系数的结果，思考式（2.37）应如何修正？

2.7　杨氏弹性模量的测量

任何物体在外力作用下都会发生形变，当形变不超过某一限度时，撤走外力之后，形变能随之消失，这种形变称为弹性形变。如果外力较大，当它的作用停止时，所引起的形变并不完全消失，而有剩余形变，这称为塑性形变。发生弹性形变时，物体内部产生恢复原状的内应力。弹性模量是反映材料形变与内应力关系的物理量,是工程技术中常用的参数之一。

【实验目的】

（1）学会用光杠杆放大法测量微小长度的变化量。

（2）学会测定金属丝杨氏弹性模量的一种方法。

（3）学会用逐差法处理数据。

【实验仪器】

杨氏弹性模量测量仪支架、光杠杆、砝码、千分尺、钢卷尺、标尺等。

【实验原理】

在形变中,最简单的形变是柱状物体受外力作用时的伸长或缩短形变。设柱状物体的长度为 L,横截面面积为 S,沿长度方向受外力 F 作用后伸长（或缩短）量为 ΔL,单位横截面面积上垂直作用力 F 与横截面面积 S 之比称为正应力,物体的相对伸长量 $\Delta L/L$ 称为线应变。实验结果表明,在弹性范围内,正应力与线应变成正比,即

$$\frac{F}{S} = Y\frac{\Delta L}{L} \tag{2.39}$$

这个规律称为胡克定律。式中的比例系数 Y 称为杨氏弹性模量,其单位在国际单位制中为 N/m^2,在厘米克秒制中为 dyn/cm^2。杨氏弹性模量是表征材料抗应变能力的一个固定参量,完全由材料的性质决定,与材料的几何形状无关。

本实验是测量钢丝的杨氏弹性模量,实验方法是将钢丝悬挂于支架上,上端固定,下端加砝码对钢丝施加力 F,测出钢丝相应的伸长量 ΔL,即可求出 Y。钢丝的长度用钢卷尺测量;钢丝的横截面面积 $S = \pi\dfrac{d^2}{4}$,直径 d 用千分尺测出,力 F 由砝码的质量求出。在实际测量中,由于钢丝伸长量 ΔL 的值很小,约 10^{-1}mm 数量级。因此 ΔL 需要采用光杠杆放大法进行测量。

1. 光杠杆原理

光杠杆是根据几何光学原理设计而成的一种灵敏度较高的,测量微小长度或角度变化的仪器。它的装置如图 2.22（a）所示,是由一个可转动的平面镜固定在一个上形架上构成的。

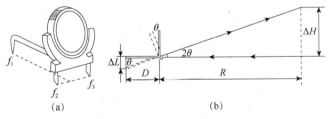

图 2.22　光杠杆

将一直立的平面反射镜装在一个三脚支架的一端,镜尺装置如图 2.22（b）所示。它由一个与被测长度变化方向平行的标尺和尺旁的望远镜组成,望远镜水平地对准光杠杆镜架上的平面反射镜,平面反射镜与标尺的距离为 R。

测量时将后足 f_1 放在被测物体上,两前足 f_2、f_3 放在固定不动的平台上。当被测物体有微小长度变化时,f_1 足随着长度的变化而升降,平面镜也将以 f_2、f_3 为轴转动。设转

过的角度为 θ，根据反射定律可知，平面镜的反射光线转过 2θ 角。此时由望远镜看到标尺示值为 n_1，从图 2.22（b）可知，当 θ 很小时，有

$$\Delta L = D\sin\theta = D\left(\theta - \frac{\theta^3}{6} - \cdots\right) = D\theta\left(1 - \frac{\theta^2}{6} - \cdots\right)$$

$$\Delta H = n_1 - n_0 = R\tan 2\theta = R\left(2\theta - \frac{8\theta^3}{3} - \cdots\right) = 2R\theta\left(1 - \frac{4\theta^3}{3} - \cdots\right)$$

式中，D 为 f_1 到 f_2 与 f_3 连线的垂直距离；n_0 为未转动时标尺的示值。

当 θ 很小时，高次项略去，以上两式化简为

$$\Delta L = D\theta; \quad \Delta H = n_1 - n_0 = 2R\theta$$

由以上两式得

$$\Delta L = \frac{D\Delta H}{2R} \tag{2.40}$$

由式（2.40）可知，微小长度的变化 ΔL 可以通过 D、ΔH、R 这些容易测得的量间接得到。杠杆的作用是将微小长度变化 ΔL 放大为标尺上的相应位移 ΔH，ΔL 被放大了 $\dfrac{2R}{D}$ 倍。

2. 实验装置

实验装置如图 2.23 所示，三脚底座上装有两个立柱和调整螺钉。欲使立柱竖直，可调节调整螺钉，并由立柱下端的水平仪来判断。金属丝的上端夹在横梁上的夹头中。立柱的中部有一个可以沿立柱上下移动的平台，用来承托光杠杆。平台上有一个圆孔，孔中有一个可以上下滑动的夹头，金属丝的下端夹紧在夹头中，夹头的下端有一个挂钩，可挂砝码托，用来承托拉伸金属丝的砝码。光杠杆和望远镜就是用来测量金属丝长度微小变化的。

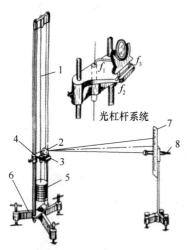

光杠杆系统

图 2.23　实验装置

1. 金属丝；2. 光杠杆；3. 平台；4. 挂钩；
5. 砝码；6. 底座；7. 标尺；8. 望远镜

后足位于同一水平面上。

（3）在砝码托上加 1～2kg 砝码，把金属丝拉直，检查金属丝夹具能否在平台的孔中上下自由地滑动。

由式（2.39）可得

$$Y = \frac{4FL}{\pi \cdot d^2 \Delta L}$$

式中，d 为金属丝的直径，再由式（2.40）可得

$$Y = \frac{8FLR}{\pi \cdot d^2 D\Delta H} \tag{2.41}$$

式中，F 为标尺刻度变化 ΔH 时相应的拉力。

【实验内容】

1. 杨氏弹性模量测量仪的调整

（1）调节杨氏弹性模量测量仪三脚底座上的调整螺钉，使立柱铅直。

（2）将光杠杆放在平台上，两前足放在平台前面的横槽内，后足放在活动金属丝夹具上，但不可与金属丝相碰。调整平台的上下位置，使光杠杆前、

2. 光杠杆及望远镜尺组的调节

1）外观对准

将望远镜和标尺放在距光杠杆镜面 1.5～2.0m 处，并使二者在同一高度。调整光杠杆镜面与平台面垂直，望远镜成水平，并与标尺垂直。

2）镜外找像

从望远镜上方观察光杠杆镜面，应看到镜面中有标尺的像。若没有标尺的像，可左右移动望远镜尺组或微调光杠杆镜面的垂直程度，直到能观察到标尺像为止。只有这时，来自标尺的入射光才能经平面镜反射到望远镜内。

3）镜内找像

先调节望远镜目镜，看清叉丝后，再慢慢调节物镜，直到看清标尺上的刻度。

4）细调对零

观察到标尺像和刻度后，再仔细地调节目镜和物镜，要求既能看清叉丝又能看清标尺像，且没有视差。最后仔细调整光杠杆镜面和望远镜的角度，观察清楚标尺零刻度附近刻度的像。

3. 测量

采用等增量测量法进行测量。

（1）记录望远镜中标尺像的初读数及每增重 1kg 后的读数，共 7 次。

（2）将所加的 7kg 砝码依次减少 1kg，并记录每次相应的标尺像读数。注意加减砝码时勿使砝码托振动和摆动，并将砝码缺口交叉放置，以免掉下。

（3）用钢卷尺测量光杠杆镜面到标尺的距离 R 和金属丝的长度 L。

（4）将光杠杆的三个脚放在纸上，轻轻压一下，便得出三点的准确位置，然后在纸上将前面两脚尖连起来，后脚尖到这条连线的垂直距离便是 D，用钢卷尺测出 D。

（5）用螺旋测微器测量金属丝的直径 d，要选择金属丝的上、中、下三处来测，每处都要在相互垂直的方向上各测一次，共 6 次，求其平均值。

4. 逐差法处理数据

本实验的直接测量是等间距变化的多次测量。实验中，每次增加质量为 1kg，连续增加 7 次，可读得 8 个标尺读数：n_0，…，n_7，求其平均值，则

$$\Delta H = \frac{(n_1-n_0)+(n_2-n_1)+\cdots+(n_7-n_6)}{7} = \frac{n_7-n_0}{7}$$

可见，中间值全部抵消，只有始末两次测量值起作用，与增重 7kg 的单次测量等价。为了保持多次测量的优越性，通常可把数据分成两组，一组是 n_0，…，n_3；另一组是 n_4，…，n_7。取相应增重 4kg 的差值的平均值为

$$\Delta H = \frac{(n_4-n_0)+(n_5-n_1)+(n_6-n_2)+(n_7-n_3)}{4}$$

这种方法称为逐差法，其优点是能充分利用测量数据，减小相对误差，并可以绕过一些具有定值的未知量，求出所需要的实验结果。

应该指出，用逐差法处理数据时，应具备以下两个条件：

（1）函数可以写成 x 的多项式，即 $y=n_0+n_1x$ 或 $y=n_0+n_1x+n_2x^2$。

（2）自变量 x 是等间距变化的。这也是逐差法的局限性。

【数据处理】

将实验测得的数据填入表 2.14 和表 2.15。

表 2.14　测量金属丝的微小伸长量记录表

序号	砝码质量 m/kg	光标示值 n_i/cm			光标偏移量 $(\Delta H=n_{i+4}-n_i)$/cm	不确定度 $\sigma(\Delta H)$
		增荷时	减荷时	平均值		
0						
1						
2						
3						
4						
5					$\overline{\Delta H}=$ _____	$\overline{\sigma(\Delta H)}=$ _____
6						
7						

其中：$\sigma(\Delta H)=\sqrt{S^2(\Delta H)+\sigma_{\mathrm{B}}(\Delta H)}=$ _____，

而 $S(\Delta H)=\sqrt{\dfrac{\sum(\overline{\Delta H}-\Delta H_i)^2}{n(n-1)}}=\sqrt{\dfrac{\sum[\overline{\Delta H}-(\overline{n}_{i+4}-\overline{n}_i)]^2}{12}}=$ _____，

$\sigma(\Delta H)=0.3\mathrm{mm}$。

金属丝微小伸长量的放大量的测量结果为 $\Delta H=$ _____ ± _____ cm。

表 2.15　测量金属丝直径记录表

测量部位	上部		中部		下部		平均值
测量方向	纵向	横向	纵向	横向	纵向	横向	
d/mm							

不确定度：$\sigma(d)=$ _____ mm；测量结果：$d=$ _____ ± _____ mm。

单次测量 L、D、R 的值：$L=$ _____ ± _____ m；

$D=$ _____ ± _____ m；

$R=$ _____ ± _____ m。

将所得各量代入式（2.41），计算出金属丝的杨氏弹性模量，按不确定度传递公式计算出不确定度 $\sigma(Y)$，并将测量结果表示成标准式 $Y=\overline{Y}\pm\sigma(Y)=$ _____ ± _____ N/m²。

思考题

（1）两根材料相同，但粗细、长度不同的金属丝，它们的杨氏弹性模量是否相同？

（2）光杠杆有什么优点？怎样提高光杠杆的灵敏度？

（3）在实验中，如果要求测量的相对不确定度不超过 5%，试问：钢丝的长度和直径应如何选取？标尺应距光杠杆的反射镜多远？

（4）是否可以用作图法求杨氏弹性模量？

2.8　气垫导轨上的实验（二项）

在物理力学实验中，摩擦的存在，往往使测量误差很大，甚至使某些物理实验无法进行。气垫导轨就是为消除摩擦而设计的力学实验仪器。它利用从导轨表面的小孔喷出的压缩气体，使导轨表面与滑块之间形成一层很薄的"气垫"，将滑块浮起。这样，滑块在导轨表面的运动几乎可看成无摩擦的，这就减少了力学实验中摩擦力带来的误差，提高了实验的准确度。再配上先进、准确的光电计时装置，可使实验值更接近理论值。近年来，气垫技术在交通运输、机械等工业部门得到了一些实际应用，如气垫船、空气轴承等。这些气垫装置可以提高系统运行速度，减少机械磨损，延长使用寿命。

1. 气垫导轨简介

气垫导轨由导轨、滑块、光电门等组成，如图 2.24 所示。

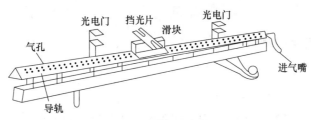

图 2.24　气垫导轨

（1）导轨：由长 1.5～2m 的三角形中空铝型材制成的轨面上两侧各有两排直径为 0.4～0.6mm 的喷气孔。导轨一端装有进气嘴，当压缩空气进入管腔后，就从小孔喷出，在导轨和滑块之间形成 0.05～0.20mm 厚的空气层，即气垫，依靠这层气垫和大气的压差将滑块托起，使滑块在气垫导轨上做近似无摩擦的运动。导轨两端有缓冲弹簧，一端安装有滑轮。整个导轨安装在钢梁上，其下有三个用以调节导轨水平的底脚螺钉。

（2）滑块：用三角形铝型材制成，其两侧内表面和导轨面精确吻合，滑块两端装有缓冲弹簧，其上面可安置挡光片或附加重物。

（3）光电门：由聚光灯泡和光电管组成，立在导轨的一侧。光电管与数字毫秒计相接。当有聚光灯泡的光线照到光电管上时，光电管电路导通；这时若挡住光路，光电管为断路，通过数字毫秒计门控电路输出一脉冲，使数字毫秒计开始或停止计时。滑块上的挡光片在光电门中通过一次，数字毫秒计将显示从开始计时到停止计时相应的时间 t。

如果相应的挡光片宽度为 d，则可得出滑块通过光电门的平均速度 $v=\dfrac{d}{t}$，其中 d 是挡光片第一前沿到第二前沿的距离，如图 2.25 所示。

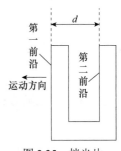

图 2.25　挡光片

（4）数字毫秒计：一种精密的电子计时仪器。计时过程如下：当滑块上的挡光片前沿刚挡光时开始计时，当挡光片再次挡光时停止计时。

2. 气垫导轨使用注意事项

（1）气垫导轨的轨面不许敲、碰，如果有灰尘污物，可用棉球蘸酒精擦净。

（2）滑块内表面光洁度很高，严防划伤，更不容许掉在地上。

（3）在导轨未通气的情况下，禁止将滑块放在导轨上滑动。

（4）及时关闭气源，防止气源和导气管过热。实验完毕后，先从气垫导轨上取下滑块，再关气源，以避免划伤气垫导轨。

3. 气垫导轨的调节

（1）粗调（静态法）。打开气源，把滑块在气垫导轨中央静止释放，观察滑块是否停在原处不动。若总往一边滑动，则气垫导轨倾斜，调节单脚螺钉，直到滑块保持不动或稍有滑动，但无一定方向性，即可认为气垫导轨大致水平。

（2）细调（动态法）。接通数字毫秒计，中速推动滑块，使滑块在气垫导轨上来回运动，由于空气阻力的存在，一般通过第二个光电门的时间略大于第一个。调节单脚螺钉，使滑块左、右运动时，$|t_1-t_2|<1\text{ms}$，则可认为气垫导轨水平已调好。

2.8.1　速度和加速度的测量

【实验目的】

（1）了解气垫导轨的工作原理。

（2）学会用气垫导轨测量滑块的平均速度、瞬时速度和加速度。

【实验仪器】

气垫导轨、滑块、光电门、数字毫秒计、游标卡尺。

【实验原理】

1. 平均速度和瞬时速度的测量

做直线运动的物体在 Δt 时间内的位移为 Δs，则物体在 Δt 时间内的平均速度为 $\bar{v}=\dfrac{\Delta s}{\Delta t}$，当 $\Delta t\to 0$ 时，平均速度趋近于一个极限，即物体在该点的瞬时速度。我们用 v 来表示瞬时速度，即 $v=\lim\limits_{\Delta t\to 0}\dfrac{\Delta s}{\Delta t}=\dfrac{\mathrm{d}s}{\mathrm{d}t}$。实验中直接用上式测量某点的瞬时速度是很困难的，一般在一定误差范围内，用极短的 Δt 内的平均速度代替瞬时速度。

2. 加速度的测量

把调平后的气垫导轨的一端重新垫高，此时滑块受一恒力，它将做匀变速直线运动。匀变速直线运动方程如下：

$$v=v_0+at,\quad s=v_0t+\frac{1}{2}at^2,\quad v_t^2-v_0^2=2as$$

在斜面上物体从同一位置由静止开始下滑，若测得物体在两个光电门位置处的速度

分别为 v_1 和 v_2，两个光电门之间的距离为 s，则加速度

$$a = \frac{v_2^2 - v_1^2}{2s} \tag{2.42}$$

若测出滑块从第一光电门加速到第二光电门的时间 Δt，则

$$a = \frac{v_2 - v_1}{\Delta t} \tag{2.43}$$

3. 重力加速度 g 的测量

物体在光滑的斜面上下滑时，$a = g \cdot \sin\theta$，θ 为斜面倾角；设斜面的长与高分别为 l、h，如图 2.26 所示，则有

$$a = g \cdot \sin\theta = \frac{g \cdot h}{l}$$

可得

$$g = \frac{a \cdot l}{h} \tag{2.44}$$

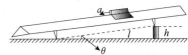

图 2.26　光滑斜面上的加速运动

【实验内容】

1. 调平导轨

分别用动态法和静态法将气垫导轨调平。

2. 匀变速直线运动中速度和加速度的测量

（1）将导轨的一端垫高，使导轨成一斜面。

（2）使滑块从距光电门 $x = 20.0\text{cm}$ 处自然下滑，做初速度为零的匀变速直线运动，记下滑块在两个光电门位置处的遮光时间 t_1 和 t_2，重复三次。

（3）分别用游标卡尺和米尺测出挡光片的宽度 d 和两光电门间的距离 s。

（4）根据匀变速直线运动的规律求出滑块运动的速度和加速度。

（5）改变光电门间的距离 s，重复上述步骤 2～3 次，将数据记录在表 2.16 中。

（6）测出垫块的高度 h 及斜面的长 l，根据 $g = \frac{al}{h}$ 计算出重力加速度。

【数据处理】

将实验测得的数据填入表 2.16。

挡光片宽度 $d =$ _____mm；斜面高 $h =$ _____mm；斜面长 $l =$ _____cm。

表 2.16　速度、加速度测量数据记录表

s/cm	次数	t_1/ms	t_2/ms	$\Delta t/\text{ms}^*$ (1-2)	v_1 /（cm/s）	v_2 /（cm/s）	$\left(a = \frac{v_2^2 - v_1^2}{2s}\right)$ /（cm/s²）	$\left(a = \frac{v_2 - v_1}{\Delta t}\right)$ /（cm/s²）	$\bar{a}$ /（cm/s²）
	1								
	2								$\bar{a}_1$
	3								
	1								
	2								$\bar{a}_2$
	3								

续表

s/cm	次数	t_1/ms	t_2/ms	Δt/ms* (1-2)	v_1 /(cm/s)	v_2 /(cm/s)	$\left(a=\dfrac{v_2^2-v_1^2}{2s}\right)$ /(cm/s^2)	$\left(a=\dfrac{v_2-v_1}{\Delta t}\right)$ /(cm/s^2)	$\bar{a}$ /(cm/s^2)
	1								
	2								$\bar{a}_3$
	3								

* （1-2）指光电门 1 到光电门 2。

平均值：$\bar{a}=(\bar{a}_1+\bar{a}_2+\bar{a}_3)/3=$_____cm/s^2。

重力加速度：$g=\dfrac{al}{h}=$_____cm/s^2。

思考题

（1）如何利用不同宽度的挡光片测定滑块的瞬时速度？

（2）试评定空气阻尼力对测量结果的影响。

2.8.2　动量守恒定律的验证

【实验目的】

（1）验证动量守恒定律。

（2）进一步熟悉气垫导轨、通用电子计数器的使用方法。

（3）用观察法研究弹性碰撞和非弹性碰撞的特点。

【实验仪器】

气垫导轨、数字毫秒计、气源、电子天平等。

【实验原理】

如果某一力学系统不受外力，或外力的矢量和为零，则系统的总动量保持不变，这就是动量守恒定律。本实验中利用气垫导轨上两个滑块的碰撞来验证动量守恒定律。在水平导轨上滑块与导轨之间的摩擦力忽略不计，则两个滑块在碰撞时除受到相互作用的内力外，在水平方向不受外力的作用，因而碰撞的动量守恒。例如，m_1 和 m_2 分别表示两个滑块的质量，以 v_1、v_2、v_1'、v_2' 分别表示两个滑块碰撞前后的速度，则由动量守恒定律可得

$$m_1v_1+m_2v_2=m_1v_1'+m_2v_2' \tag{2.45}$$

下面分两种情况来进行讨论。

1. 完全弹性碰撞

弹性碰撞的特点是碰撞前后系统的动量守恒，机械能也守恒。如果在两个滑块相碰撞的两端装上缓冲弹簧，在滑块相碰时，由于缓冲弹簧发生弹性形变后恢复原状，系统的机械能基本无损失，两个滑块碰撞前后的总动能不变，可用公式表示

$$\frac{1}{2}m_1v_1^2+\frac{1}{2}m_2v_2^2=\frac{1}{2}m_1v_1'^2+\frac{1}{2}m_2v_2'^2 \tag{2.46}$$

由式（2.45）和式（2.46）联合求解可得

$$\begin{cases} v_1' = \dfrac{(m_1-m_2)v_1 + 2m_2v_2}{m_1+m_2} \\[2ex] v_2' = \dfrac{(m_2-m_1)v_2 + 2m_1v_1}{m_1+m_2} \end{cases}$$

在实验时，若令 $m_1=m_2$，两个滑块的速度必交换。若不仅 $m_1=m_2$，且令 $v_2=0$，则碰撞后 m_1 滑块变为静止，而 m_2 滑块却以 m_1 滑块原来的速度沿原方向运动。若两个滑块质量 $m_1 \ne m_2$，仍令 $v_2=0$，即

$$v_1' = \frac{(m_1-m_2)v_1}{m_1+m_2}$$

$$v_2' = \frac{2m_1v_1}{m_1+m_2}$$

实际上完全弹性碰撞只是理想的情况，一般碰撞时总有机械能损耗，所以碰撞前后仅是总动量保持守恒，当 $v_2=0$ 时，有

$$m_1v_1 = m_1v_1' + m_2v_2'$$

2. 完全非弹性碰撞

在两个滑块的两个碰撞端分别装上尼龙搭扣，碰撞后两个滑块粘在一起以同一速度运动，就可称为完全非弹性碰撞。若 $m_1=m_2$，$v_2=0$，$v_1'=v_2'=v$，由式（2.45）得 $v=\frac{1}{2}v_1$。若两个滑块质量 $m_1 \ne m_2$，令 $v_2=0$，则有

$$v = \frac{m_1}{m_1+m_2}v_1$$

3. 恢复系数和动能比

碰撞的分类可以根据恢复系数的值来确定。所谓恢复系数就是指碰撞后的相对速度和碰撞前的相对速度之比，用 e 来表示

$$e = \frac{v_2'-v_1'}{v_1-v_2} \tag{2.47}$$

若 $e=1$，即 $v_1-v_2=v_2'-v_1'$，是完全弹性碰撞；若 $e=0$，即 $v_2'=v_1'$，是完全非弹性碰撞。

此外，碰撞前后的动能比也是反映碰撞性质的物理量。在 $v_2=0$，$m_1=m_2$ 时，动能比为 $R=\frac{1}{2}(1+e^2)$，若物体做完全弹性碰撞，$e=1$，则 $R=1$（无动能损失）；若物体做非弹性碰撞，$0<e<1$，则 $1/2<R<1$。

【实验内容】

1. 用弹性碰撞验证动量守恒定律

1）$m_1=m_2$ 时的弹性碰撞

① 将两滑块编号，用电子天平测出它们的质量；用游标卡尺测出两挡光片的 d_1 和 d_2。

② 连接和调试好气垫导轨及光电计时系统；仔细将导轨调平。

③ 数字毫秒计选择碰撞功能，测试出相应的时间 $t_{1.1}$、$t_{2.1}$ 等。

④ 将两滑块分别放在两光电门的外侧，同时反向推动两滑块，让它们被导轨两端反弹回来分别通过两光电门后在两光电门之间钢圈端发生平稳碰撞。碰撞前的速度由光电门所记录的时间来计算，碰撞后速度也由对应时间来计算。

⑤ 分别计算系统碰撞前后的动量，验证动量守恒定律，计算恢复系数和动能比。

⑥ 改变碰撞时的速度，重复以上内容。

2）$m_1 \neq m_2$ 时的弹性碰撞

将一个滑块加上配重质量块，重复实验内容 1）的实验步骤。

2. 用完全非弹性碰撞验证动量守恒

（1）将两滑块的碰撞端分别装上尼龙搭扣，用天平称质量 m_1 和 m_2。

（2）将两滑块分别放在两光电门的外侧，同时反向推动两滑块，让它们被导轨两端反弹回来分别通过两光电门后在两光电门之间尼龙搭扣端发生平稳碰撞，碰撞后两滑块连在一起向同一方向运动。碰撞前的速度由光电门所记录的时间 $t_{1.1}$ 和 $t_{2.1}$ 来计算，碰撞后速度由 $t_{1.2}$ 或者 $t_{2.2}$ 来计算。

（3）分别计算系统碰撞前后的动量，验证动量守恒定律，计算恢复系数和动能比。

（4）改变碰撞时的速度，重复以上内容。

【数据处理】

将实验测得的数据填入表 2.17 和表 2.18。

表 2.17　弹性碰撞数据记录

$m_1=$＿＿＿ g；$m_2=$＿＿＿ g；$d_1=$＿＿＿ cm；$d_2=$＿＿＿ cm。

$t_{1.1}$/ms	v_1/(cm/s)	$t_{2.1}$/ms	v_2/(cm/s)	$t_{1.2}$/ms	v'_1/(cm/s)	$t_{2.2}$/ms	v'_2/(cm/s)	碰撞前总动量/(g·cm/s)	碰撞后总动量/(g·cm/s)

计算每一次碰撞的恢复系数和动能比：$e=$＿＿＿＿；$R=$＿＿＿＿。

表 2.18　完全非弹性碰撞数据记录

$m_1=$＿＿＿ g；$m_2=$＿＿＿ g；$d_1=$＿＿＿ cm；$d_2=$＿＿＿ cm。

$t_{1.1}$/ms	v_1/(cm/s)	$t_{2.1}$/ms	v_2/(cm/s)	$t_{1.2}$或$t_{2.2}$/ms	v/(cm/s)	碰撞前总动量/(g·cm/s)	碰撞后总动量/(g·cm/s)

计算每一次碰撞的恢复系数和动能比：$e=$＿＿＿＿；$R=$＿＿＿＿。

其他数据记录表格请同学自拟。

对上述两种碰撞情况下所测数据进行处理，计算出碰撞前和碰撞后的总动量，通过比较得出动量守恒的结论。

思考题

（1）在弹性碰撞情况下，当 $m_1 \neq m_2$，$v_2 = 0$ 时，两个滑块碰撞前后的动能是否相等？如果不完全相等，试分析产生误差的原因。

（2）为了验证动量守恒定律，应如何保证实验条件、减少测量误差？

2.9　旋转液体物理特性的研究

在力学创建之初，牛顿在做水桶实验时就发现，当水桶中的水旋转时，水会沿着桶壁上升。旋转的液体其表面形状为一个抛物面，可利用这点测量重力加速度；旋转液体的抛物面也是一个很好的光学元件。美国物理学家乌德创造了液体镜面，他在一个大容器里旋转水银，得到一个理想的抛物面。随着现代技术的发展，液体镜头正在向一"大"一"小"两极发展。大，可以作为大型天文望远镜的镜头；小，则可以作为拍照手机的变焦镜头。

【实验目的】

（1）研究旋转液体表面形状，并由此求出重力加速度。

（2）将旋转液体看作光学成像系统，探求焦距与转速的关系。

【实验仪器】

甘油、旋转液体物理特性实验仪（图 2.27）、直尺、游标卡尺。

【实验原理】

1. 旋转液体抛物面公式推导

定量计算时，选取随圆柱形容器旋转的参考系，这是一个转动的非惯性参考系。液体相

图 2.27　实验仪器

1. 激光器；2. 毫米刻度水平屏幕；3. 水平标线；
4. 水平仪；5. 激光器电源插孔；6. 调速开关；
7. 速度显示窗；8. 圆柱形实验容器；9. 水平量角器；
10. 毫米刻度垂直屏幕；11. 张丝悬挂圆柱体

对于参考系静止，任选一小块液体 p，其受力如图 2.28 所示。F_i 为沿径向向外的惯性离心力，mg 为重力，N 为这一小块液体周围的液体对它的作用力的合力，由对称性可知，N 必然垂直于液体表面。在 xOy 坐标下，对点 p (x,y) 有

$$\begin{cases} N \cdot \cos\theta - mg = 0 \\ N \cdot \sin\theta - F_i = 0 \end{cases}$$

其中 $F_i = m\omega^2 x$，可求得

$$\tan\theta = \frac{\mathrm{d}y}{\mathrm{d}x} = \frac{\omega^2 x}{g}$$

根据上式可求得

$$y = \frac{\omega^2}{2g}x^2 + y_0 \qquad (2.48)$$

式中，ω 为旋转角速度；y_0 为 $x=0$ 处的 y 值。此为抛物线方程，可见液面为旋转抛物面。

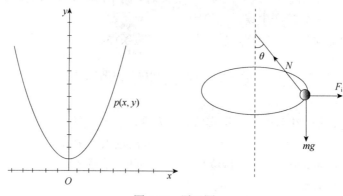

图 2.28　原理图

2. 用旋转液体测量重力加速度 g

在实验系统中，一个盛有液体的半径为 R 的圆柱形容器，绕该圆柱体的对称轴以角速度 ω 匀速稳定转动时，液体的表面形成抛物面，如图 2.29 所示。设液体未旋转时液面高度为 h，则液体的体积为

$$V = \pi R^2 h \qquad (2.49)$$

因液体旋转前后体积保持不变，旋转时液体体积可表示为

$$V = \int_0^R y(2\pi x)\,\mathrm{d}x = 2\pi\int_0^R \left(\frac{\omega^2 x^2}{2g} + y_0\right)x\mathrm{d}x \qquad (2.50)$$

由式（2.49）和式（2.50）得

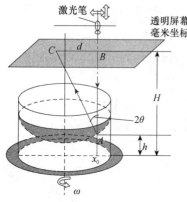

图 2.29　实验示意图

$$y_0 = h - \frac{\omega^2 R^2}{4g} \qquad (2.51)$$

联立式（2.48）、式（2.51）可得，当 $x = x_0 = \dfrac{\sqrt{2}}{2}R$ 时，$y(x_0) = h$，即液面在 x_0 处的高度是恒定值，为液体静止时的高度。

1）旋转液体液面高度差法

如图 2.29 所示，设旋转液体液面最高与最低处的高度差为 Δh，点 $(R, y_0 + \Delta h)$ 在式（2.48）表示的抛物线上，则有

$$y_0 + \Delta h = \frac{\omega^2 R^2}{2g} + y_0$$

得

$$g = \frac{\omega^2 R^2}{2\Delta h} \tag{2.52}$$

2）斜率法测重力加速度

如图 2.29 所示，激光束平行转轴入射，经过 BC 透明屏幕，打在 $x_0 = R/\sqrt{2}$ 的液面 A 点上，反射光点为 C，A 点处的切线与 x 方向的夹角为 θ，根据反射定律有 $\angle BAC = 2\theta$，测出透明屏幕至圆桶底部的距离 H、液面静止时高度 h，以及两光点 B、C 间距离 d，则 $\tan 2\theta = \dfrac{d}{H-h}$，可以求出 θ 值。

又因为 $\tan\theta = \dfrac{\mathrm{d}x}{\mathrm{d}y} = \dfrac{\omega^2 x}{g}$，在 $x_0 = R/\sqrt{2}$ 处有

$$\tan\theta = \frac{\omega^2 R}{\sqrt{2} \cdot g} \tag{2.53}$$

由式（2.53）可知，$\tan\theta$ 与 ω^2 存在线性关系，可利用最小二乘法处理实验数据。

3. 验证抛物面焦距与转速的关系

旋转液体表面形成的抛物面可看作一个凹面镜，符合光学成像系统的规律，若光线平行于曲面对称轴入射，反射光将全部会聚于抛物面的焦点。

根据抛物线方程式（2.48），抛物面的焦距 $f = \dfrac{g}{2\omega^2}$。其中 $\omega = \dfrac{2\pi \cdot n}{60}$，$n$ 为速度显示窗 7 显示的转速，如图 2.27 所示。

【实验内容】

1. 仪器调整

（1）水平调整：将圆形水平仪放在载物台中心，调整仪器底部支撑脚，直到水平仪上的气泡到中心位置。

（2）激光器位置调整：用自准直法调整激光束平行转轴入射，经过透明屏幕，对准桶底 $x_0 = R/\sqrt{2}$ 处的记号，其中 R 为圆桶内径。

2. 测量重力加速度 g

1）用旋转液体液面最高与最低处的高度差测量重力加速度

改变圆桶转速 n（r/s）（$\omega = 2\pi \cdot n$）6 次，利用水平标线测量液面最高处与最低处的高度差，计算重力加速度 g。

2）斜率法测重力加速度

将透明屏幕置于圆桶上方，用自准直法调整激光束平行转轴入射，经过透明屏幕，对准桶底 $x_0 = R/\sqrt{2}$ 处的记号，测出透明屏幕至圆桶底部的距离 H、液面静止时的高度 h。

改变圆桶转速 n（r/s）（$\omega = 2\pi \cdot n$）6 次，在透明屏幕上读出入射光点 B 与反射光点

C 间距离 d，则 $\tan 2\theta = \dfrac{d}{H-h}$ ，利用三角函数关系求出 $\tan\theta$ 值。

3. 验证抛物面焦距与转速的关系

将毫米刻度垂直屏幕过转轴放入实验容器中央，激光束平行转轴入射至液面，后聚焦在屏幕上，可改变入射位置观察聚焦情况。改变圆桶转速 n（r/s），利用水平标线测量凹面镜的焦距 f。

4. 研究旋转液体表面成像规律（选做内容）

给激光器装上有箭头状光阑的帽盖，使其光束略有发散且在屏幕上成箭头状像。光束平行光轴在偏离光轴处射向旋转液体，经液面反射后，在水平屏幕上也留下了箭头状像。固定转速，上下移动屏幕的位置，观察成像箭头的方向及大小的变化。实验发现，屏幕在较低处时，入射光和反射光留下的箭头方向相同，随着屏幕逐渐上移，反射光留下的箭头越来越小直至成一光点，随后箭头反向且逐渐变大。也可以固定屏幕，改变转速 n，将会观察到类似的现象。

【数据处理】

1. 重力加速度的测量

将实验测得的数据填入表 2.19 和表 2.20。

表 2.19 高度差法测量重力加速度数据记录

次数	1	2	3	4	5	6
转速 $n/$（r/s）						
$\omega/$（rad/s）						
高度差 Δh/cm						
$g/$（cm/s^2）						

$\bar{g}=$ _____ cm/s^2；烟台地区重力加速度取 978cm/s^2，则相对误差 $E=$ _____ %。

表 2.20 斜率法测量重力加速度数据记录

屏幕高度 $H=$ _____ cm；液面高度 $h=$ _____ cm；$R=$ _____ cm。

次数	1	2	3	4	5	6
转速 $n/$（r/s）						
$\omega/$（rad/s）						
$\omega^2/$（rad/s）^{2}						
d/mm						
$\tan 2\theta$						
$\tan\theta$						
$g/$（cm/s^2）						

2．验证抛物面焦距与转速的关系

将实验测得的数据填入表 2.21。

表 2.21　抛物面焦距与转速的关系原始数据记录

次数	1	2	3	4	5	6	7	8	9	10
转速 $n/$（r/s）										
焦距 $f/$cm										

根据以上实验数据在同一坐标系中作出实验值与理论计算值的 *n-f* 曲线，并分析比较。

 思考题

（1）实验所用液体的黏度对实验及结果有何影响？
（2）实验过程中，将在屏幕上观察到几个光斑，它们是如何产生的？如何区分？

2.10　稳态法测定物体的导热系数

热量传输有多种方式，热传导是热量传输的重要方式之一，也是热交换现象三种基本形式（传导、对流、辐射）中的一种。导热系数是反映材料导热性能的重要参数之一，它不仅是评价材料热学特性的依据，也是设计应用材料的一个依据。熔炼炉、传热管道、散热器、加热器及日常生活中水瓶、冰箱等都要考虑它们的导热系数大小，所以对导热系数的研究和测量就显得很有必要。

【实验目的】
（1）掌握用稳态法测不良导体导热系数的方法。
（2）了解物体散热速率与传热速率的关系。
（3）学习用作图法求冷却速率。
（4）掌握一种用热电转换方式测量温度的方法。

【实验仪器】
导热系数测定仪、加热炉、保温杯、测试样品（橡皮）、游标卡尺、天平等。

【实验原理】
当物体内部各处温度不均匀时，就会有热量从温度较高处传向较低处，这种现象称为热传导。热传导定律指出：如果热量沿着 Z 方向传导，那么在 Z 轴上任一位置 Z_0 处取一个垂直截面，其面积为 $\mathrm{d}S$，以 $\dfrac{\mathrm{d}T}{\mathrm{d}Z}$ 表示在 Z_0 处的温度梯度，以 $\dfrac{\mathrm{d}Q}{\mathrm{d}t}$ 表示该处的传热速率（单位时间内通过截面面积 $\mathrm{d}S$ 的热量），那么热传导定律可表示为

$$\mathrm{d}Q = -\lambda \left(\frac{\mathrm{d}T}{\mathrm{d}Z} \right)_{Z_0} \mathrm{d}S \cdot \mathrm{d}t \tag{2.54}$$

式中，负号表示热量从高温区向低温区传导；λ 即为导热系数。

1. 关于温度梯度 $\dfrac{\mathrm{d}T}{\mathrm{d}Z}$

把样品加工成平板状，并把它夹在两块铝板（良导体）之间，使两块铝板分别保持在恒定温度 T_1 和 T_2，就可能在垂直于样品表面的方向上形成温度的梯度分布。若样品厚度远小于样品直径（$h \ll D$），由侧面散去的热量可以忽略不计，从而可以认为热量是沿垂直于样品平面的方向传导的，即只在此方向上有温度梯度 $\dfrac{T_1-T_2}{h}$。

2. 关于传热速率 $\dfrac{\mathrm{d}Q}{\mathrm{d}t}$

单位时间内通过某一截面的热量 $\dfrac{\mathrm{d}Q}{\mathrm{d}t}$ 是一个无法直接测定的量，我们设法将这个量转化为较容易测量的量。为了维持一个恒定的温度梯度分布，必须不断地给高温侧铝板加热，热量通过样品传到低温侧铝板，低温侧铝板还会将热量不断地向周围环境散出。当加热速率、传热速率与散热速率相等时，系统就达到一个动态平衡，此时低温侧铝板的散热速率就是样品内的传热速率。这样，只要测量低温侧铝板在稳态温度 T_2 下的散热速率，也就间接测量出样品内的传热速率。铝板的散热速率与冷却速率（温度变化率）$\dfrac{\mathrm{d}T}{\mathrm{d}t}$ 有关，其表达式为

$$\left.\frac{\mathrm{d}Q}{\mathrm{d}t}\right|_{T_2} = -mc\left.\frac{\mathrm{d}T}{\mathrm{d}t}\right|_{T_2} \tag{2.55}$$

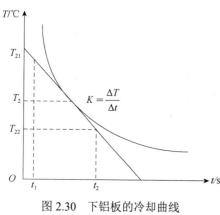

图 2.30　下铝板的冷却曲线

式中，m 为铝板的质量；c 为铝板的比热容；负号表示热量向低温方向传递。铝板的冷却速率可以这样测量：在达到稳态后，用加热铝板直接对下铝板加热，使其温度高于稳态温度 T_2（大约高出 10℃），再让其在环境中自然冷却，直到温度低于 T_2，测出温度在大于 T_2 到小于 T_2 区间中随时间的变化关系，描绘出 T-t 曲线，如图 2.30 所示，曲线在 T_2 处的斜率就是铝板在稳态温度 T_2 下的冷却速率。

应该注意的是，这样得出的 $\dfrac{\mathrm{d}T}{\mathrm{d}t}$ 是铝板全部表面暴露于空气中的冷却速率，然而在实验中稳态传热时，铝板的上表面是被样品覆盖的，由于物体的散热速率与它们的面积成正比，所以稳态时，铝板散热速率的表达式应修正为

$$\frac{\mathrm{d}Q}{\mathrm{d}t} = -mc\frac{\mathrm{d}T}{\mathrm{d}t} \cdot \frac{\pi R_\mathrm{p}^2 + 2\pi R_\mathrm{p} h_\mathrm{p}}{2\pi R_\mathrm{p}^2 + 2\pi R_\mathrm{p} h_\mathrm{p}} \tag{2.56}$$

将式（2.56）代入热传导定律表达式，并考虑到 $\mathrm{d}S = \pi R^2$，可以得到导热系数：

$$\lambda = mc\frac{2h_\mathrm{p} + R_\mathrm{p}}{2h_\mathrm{p} + 2R_\mathrm{p}} \cdot \frac{1}{\pi R^2} \cdot \frac{h}{T_1 - T_2} \cdot \left.\frac{\mathrm{d}T}{\mathrm{d}t}\right|_{T=T_2} \tag{2.57}$$

式中，R 为样品的半径；h 为样品的厚度；m 为下铝板的质量；c 为铝的比热容；R_p、h_p 分别为下铝板的半径和厚度。

3. 关于热电偶

将两种不同的金属焊接到一个回路中，如果使它们处于两个不同的温度环境下，则回路中就会出现一个通常不为零的电动势，这个电动势称为温差电动势，产生这个温差电动势的金属回路称为温差电偶或热电偶。

热电偶的重要应用是测量温度。它是把非电学量（温度）转化成电学量（电动势）来测量的一个实际例子。用热电偶测温度具有许多优点，如测温范围宽（−200～20000℃），测量灵敏度和准确度较高，结构简单，不易损坏等。此外，由于热电偶的热容量小，受热点也可做得很小，因而对温度变化响应快，对测量对象的状态影响小，可以用于温度场的实时测量和监控。

两种不同的金属互相接触时，在它们的接触面上产生一个接触电位差（珀耳贴电动势）；同一种金属两端处于不同的温度下也会产生一个电位差（汤姆孙电动势）。热电偶所产生的温差电动势是这两种电动势之和，它与温度有关。可以把温差电动势 ε 与温度 T 的关系写成 $\varepsilon = f(T - T_0)$。此式不是严格的线性关系，可将其展开为无穷级数

$$\varepsilon = a + b(T - T_0) + c(T - T_0)^2 + \cdots \tag{2.58}$$

式中，T_0 为恒温端（也称冷端）的温度；T 为另一端（即工作端）的温度。若选取 $T = T_0$ 时，$\varepsilon = 0$，可得 $a = 0$。这样式（2.58）应写成

$$\varepsilon = b(T - T_0) + c(T - T_0)^2 + \cdots \tag{2.59}$$

式中，b、c 等是与组成该热电偶的材料等因素有关的系数。对于一只做好的热电偶，当其冷端温度 T_0 固定时，温差电动势 ε 仅是工作端温度 T 的函数。只要用实验方法确定出二者的函数关系（或定出 b、c 等系数），就能用这只热电偶，根据其温差电动势 ε 的值来测定温度 T。热电偶的结构示意图如图 2.31 所示。

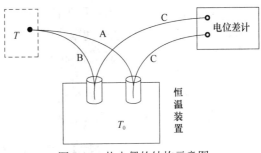

本实验选用铜-康铜热电偶测温度，温差为 100℃ 时，其温差电动势约为 4.0mV，当温度变化范围不大时，近似认为温差电动势与温度成正比，即热电偶的温差电动势 ε（mV）与被测温度 T（℃）的比值是一个常数。计算时也可以直接用电动势 ε 代表温度 T。

图 2.31　热电偶的结构示意图
A、B. 热电极，两种材料的金属；C. 补偿导线

【实验内容】

（1）用游标卡尺、天平测量被测样品、下铝板的几何尺寸（直径、厚度）和质量，多次测量取平均值。

（2）放置好支架，将下铝板（散热板）及被测样品放在支架上，使被测样品与上、下铝板对齐且接触良好。将热电偶及传感器分别插入铝板侧面小孔的底部，两个热电偶冷端插在保温瓶中的冰水混合物中。将两个热电偶输出端与测试仪对应接线端相连。加热铝板电源输入端与测试仪加热输出端用专用连接线相连，如图 2.32 所示。将补偿电源的电位器逆时针旋到头（此时补偿电压为零）。

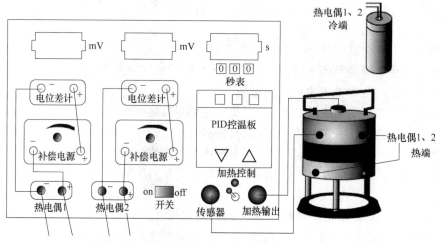

图 2.32　实验装置图

（3）将加热控制开关打到向上的位置，在 PID 温控仪上设定好上铝板的加热温度（如 70℃），对上铝板进行加热。

（4）当上铝板加热到设定温度时，且 ε_1（大）读数变化在 ±0.02mV 范围内时，每隔 30s 读 ε_2 的数值，如果在 2min 内样品下表面的 ε_2（小）示值不变，即可认为已达到稳定状态。记录稳态时 ε_1（大）、ε_2（小）的值（**注意：ε_1 与 ε_2 不是绝对不变，而是有 ±0.02mV 的波动**）。此步骤为温度梯度场的测定。

（5）移去中间样品，让上铝板直接对下铝板加热，当下铝板电动势比稳定时的 ε_2［步骤（4）的记录值］高出 0.6mV 左右时，移去上铝板，关闭加热开关，让下铝板所有表面均暴露于空气中，使下铝板自然冷却。每隔 30s 读一次下铝板的示值并记录，直至下降到 ε_2［步骤（4）的记录值］以下 0.6mV 左右。作下铝板的 ε-t 冷却速率曲线，选取邻近 ε_2 的测量数据来求出散热速率。此步骤为下铝板散热速率的测定。

（6）根据式（2.57）计算样品的导热系数 λ。

【数据处理】

将实验测得的数据填入表 2.22～表 2.24。

铝的比热容为 $8.8 \times 10^2 J/(kg \cdot ℃)$，散热铝板的质量 $m=$ ＿＿＿＿＿ g。

表 2.22　散热下铝板与被测样品的数据记录　　　　　　　　　　　　单位：cm

物品	项目	1	2	3	4	5
散热下铝板	直径 D_{Al}					
	厚度 h_{Al}					
被测样品	直径 D_b					
	厚度 h_b					

表 2.23　关于温度梯度测量的数据记录

数据	1	2	3	4	5
ε_1/mV					
ε_2/mV					

表 **2.24**　散热下铝板散热速率的数据记录

时间/s				⋯	
E_i/mV				⋯	

注：表格长度不够，自行扩充。

　　根据实验结果，计算出不良导热体的导热系数 λ。

 思考题

（1）本实验对环境条件有什么要求？室温对实验结果有没有影响？

（2）试定量估计用温差电动势代替温度所带来的误差。

（3）分析本实验的主要误差。

2.11　液体黏滞系数的测定

　　液体黏滞系数又称内摩擦系数或黏度,是描述液体内摩擦力性质的一个重要物理量。它表征液体反抗形变的能力，只有在液体内存在相对运动时才表现出来。它在工程技术、科学研究中是一个重要物理参数。例如，机器的润滑、轮船潜艇的航行、导弹的飞行及液体流动等都必须考虑液体的黏滞情况。

【实验目的】

（1）了解黏滞现象的规律及黏滞系数的测定方法。

（2）掌握旋转式黏度计的工作原理。

（3）根据斯托克斯定律、泊肃叶公式设计实验方案测定液体的黏滞系数。

（4）学会基本仪器（读数显微镜、分析天平等）的使用方法。

2.11.1　落球法

【实验仪器】

　　长玻璃管、镊子、小球、停表、读数显微镜、游标卡尺、米尺、密度计、温度计。

　　实验所用的主要装置即为图 2.33 中盛油的玻璃管。在管的上、下部各有一环线作为标记（即 l_1 和 l_2），彼此间的距离为 l。小球在 l_1 至 l_2 间做匀速运动。长玻璃管固定在附有三个水平调节螺钉的平台上，借助一铅垂线可调节玻璃管垂直。

【实验原理】

　　当小球在液体中下落时，它受到三个力的作用，即向下的重力、向上的浮力和阻力，其中阻力是附着于小球表面上的一薄层液体相对于液体的其他部分运动时，使小球受到的黏滞阻力 F（或称为内摩擦力）。根据计算，如果小球是在无限宽广的液体中缓慢下落，则黏滞阻力为

$$F=6\pi\eta vr \qquad (2.60)$$

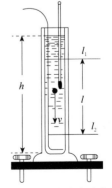

图 2.33　落球法实验装置

式中，v 为小球的速度；r 为小球的半径；η 为液体的黏滞动力系数（简称黏滞系数），Pa •s。式（2.60）称为斯托克斯定律。

当质量为 m、体积为 V 的小球在密度为 ρ 的液体中下落时，作用在小球上的力有重力 mg、液体对小球的浮力 ρgV 及黏滞阻力 $6\pi\eta vr$。小球刚开始下落时速度很小，黏滞阻力也小，因而小球向下做加速运动。但随着速度的增加，黏滞阻力也增加，当速度达到一定值时，作用于小球上的各力达到平衡，因此小球将做匀速运动。此时

$$mg = \rho Vg + 6\pi\eta vr$$

此时的速度称为终极速度，由上式可得

$$\eta = \frac{(m - \rho V)\, g}{6\pi rv}$$

设小球的密度为 ρ_0，其体积为 $V = \frac{4}{3}\pi \cdot r^3$，则 $m = \frac{4}{3}\pi \cdot r^3 \cdot \rho_0$，代入上式得

$$\eta = \frac{2r^2}{9v}(\rho_0 - \rho)\, g \tag{2.61}$$

但在前面的推导中，小球要在无限宽广的液体中下落，实际上液体要装在容器中，不满足无限宽广的条件。此时实际测得的速度 v_0 与理想条件下的速度 v 之间的关系如下

$$v = v_0\left(1 + 2.4\frac{r}{R}\right)\left(1 + 3.3\frac{r}{h}\right) \tag{2.62}$$

式中，R、h 分别是装液体的玻璃管的内半径和液体的深度。将式（2.62）代入式（2.61）可得

$$\eta = \frac{2r^2 \cdot (\rho_0 - \rho)\, g}{9v_0\left(1 + 2.4\dfrac{r}{R}\right)\left(1 + 3.3\dfrac{r}{h}\right)} \tag{2.63}$$

由于 $r \ll h$，所以式（2.63）可以简化为

$$\eta = \frac{2r^2 \cdot (\rho_0 - \rho)\, g}{9v_0\left(1 + 2.4\dfrac{r}{R}\right)} \tag{2.64}$$

若实验时小球下落的速度较大，气温及油温较高，则小球在液体中可能出现湍流的情况，使式（2.60）不再成立，此时要做另一个修正。为了判断是否出现湍流，可利用液体力学中一个重要参数——雷诺数 $\left(Re = \dfrac{2rv\rho}{\eta}\right)$ 来判断。当 Re 不很小时，式（2.60）应予修正，但在实际应用落球法时，小球的运动不会处于高雷诺数状态，一般 Re 值小于 10，故黏滞阻力 F 可近似用下式表示

$$F = 6\pi \cdot r \cdot v \cdot \eta\left(1 + \frac{3}{16}Re - \frac{19}{1080}Re^2\right)$$

则考虑此项修正后的黏度测量值 η_0 等于

$$\eta_0 = \eta\left(1 + \frac{3}{16}Re + \frac{19}{1080}Re^2\right)^{-1} \tag{2.65}$$

实验时，可以先由式（2.64）求出近似值 η，将此 η 代入 $Re = \dfrac{2rv\rho}{\eta}$ 求出雷诺数，最

后由式（2.65）求出最佳值 η_0。

【实验内容】

（1）将小球用有机溶剂（乙醚和乙醇的混合液）清洗干净，并用滤纸吸干残液。从玻璃管内取少许油涂在小球上，备用。

（2）以铅垂线为基准，调节底盘的三个螺钉使玻璃管保持竖直。将一颗小球沿玻璃管的中轴线投下，观察小球下落过程中是否与玻璃管壁平行。

（3）用温度计测量油温，在全部小球下落完后再测量一次油温，取其平均值作为实际油温。

（4）用读数显微镜测量小球的直径 d（读数显微镜的使用方法请阅读实验 2.1），小球的密度由实验室给出或查表得到；用镊子夹住小球，将其放入玻璃管中的油面下，让小球沿着油柱的中轴线下落；用停表测量小球经过距离 l 所需的时间 t。如此重复多次。

（5）用游标卡尺测出玻璃管的内径 D（游标卡尺的使用方法请阅读实验 2.1）；用米尺测出小球的下落距离 l 及油柱深度 h。

（6）用密度计测量油的密度（为了避免因油浸润玻璃而产生读数误差，应从油面下方读数）。

【数据处理】

将实验测得的数据填入表 2.25。

小球密度 $\rho_0 = \underline{\qquad}$ kg/m³；玻璃管内径 $D = \underline{\qquad}$ m；

油的密度 $\rho = \underline{\qquad}$ kg/m³；油温 $t_0 = \underline{\qquad}$ ℃；

$l_1 = \underline{\qquad}$ m；$l_2 = \underline{\qquad}$ m；$l = l_1 - l_2 = \underline{\qquad}$ m。

表 2.25 落球法测量液体黏滞系数的数据记录

次数	1	2	3	4	5
d/mm					
Δd					
Δd^2					
t/s					
Δt					
Δt^2					

将 $v_0 = \dfrac{l}{t}$，$r = \dfrac{\bar{d}}{2}$，$R = \dfrac{D}{2}$ 代入式（2.64），计算油的黏滞系数。

$$\eta = \frac{(\rho_0 - \rho)\, g \bar{d}^2 \bar{t}}{18l\left(1 + 2.4\dfrac{\bar{d}}{D}\right)} = \underline{\qquad} \text{Pa·s}；$$

$$S(d) = \sqrt{\frac{\sum \Delta d^2}{n(n-1)}} = \underline{\qquad}；\quad S(t) = \sqrt{\frac{\sum \Delta t^2}{n(n-1)}} = \underline{\qquad}；$$

$$E(\eta) = \sqrt{\left(\frac{S(t)}{\bar{t}}\right)^2 + \left(2\frac{S(d)}{\bar{d}}\right)^2} = \underline{\qquad} ; \quad \sigma(\eta) = E(\eta) \cdot \bar{\eta} = \underline{\qquad} \text{Pa·s};$$

实验结果表示：$\eta = \bar{\eta} \pm \sigma(\eta) = \underline{\qquad} \pm \underline{\qquad} \text{Pa·s}$。

注意：

（1）玻璃管竖直放置，使小球沿玻璃管的中心轴线下降。

（2）实验时应确保油静止，油中无气泡，小球无油污，且使用前干燥。

（3）油的黏滞系数随温度的变化显著。在实验中不要用手摸玻璃管，确保温度基本不变。

（4）l_1 和 l_2 的位置可以任意选定，但应保证小球在通过 l_1 之前已经达到它的收尾速度，即匀速。

 **思考题**

（1）实验中，你是如何判断小球已进入匀速运动状态的？请设计实验方法测定其是否达到匀速运动状态。

（2）如果遇到待测液体的 η 较小、小球直径又较大的情况，应采用哪个公式计算？

（3）如果投入的小球偏离了中心轴线，将会有什么影响？

（4）设计利用光电门和数字毫秒计测量液体的黏度时，应注意什么问题？

2.11.2　转筒法

【实验仪器】

转筒黏度计、秒表、蓖麻油（或甘油）、温度计、移液器、铅垂线。

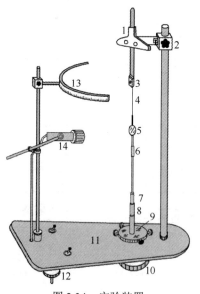

图 2.34　实验装置

1. 深度游标卡尺；2. 调节架；3. 零点调节器；4. 张丝；
5. 小凹面镜；6. 接头；7. 内圆柱；8. 转筒；
9. 同轴调节平台；10. 同步电机；11. 平台；
12. 水平调节螺钉；13. 弧形标尺；14. 聚光器

本实验的仪器装置如图 2.34 所示。深度游标卡尺用于指示内圆柱在外转筒中的深度，固定在一个三维可调的调节架上。转动零点调节器，可以使小凹面镜反射在标尺上的光斑移动到标尺上的零点。内圆柱有两个，它们的半径为 a，长度分别为 l_1、l_2，实验时与接头相连接。接头与张丝胶合，张丝用夹片固定在深度游标卡尺上，用于产生扭转力矩。小凹面镜黏合在张丝上，用来指示内圆柱在转筒中的位置。转筒直接与同步电机耦合。调节螺钉可使平台水平。弧形标尺的曲率半径为 $R = 25.0\text{cm}$。用灯丝变压器输出给聚光器中小电珠供电。用于测张丝周期的标准圆环如图 2.35 所示。标准圆环是一个扁平的圆环，其内径 $r_1 = a$，其外径为 r_2。同轴指示器如图 2.36 所示，其上端外径等于内圆柱直径 $2a$，其下端外径等于转筒内径 $2b$。

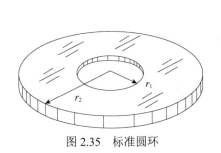

图 2.35　标准圆环

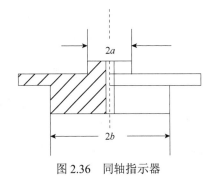

图 2.36　同轴指示器

【实验原理】

在液体中，当两层液体之间有相对运动时，运动快的流层对运动慢的流层施以拉力，运动慢的流层对运动快的流层施以阻力。这种力称为内摩擦力，也称黏滞阻力，其值为

$$F=\eta A\frac{\mathrm{d}v}{\mathrm{d}n} \tag{2.66}$$

式中，A 为流层之间的接触面积；$\dfrac{\mathrm{d}v}{\mathrm{d}n}$ 为液体沿法线方向的速度梯度；η 为液体的黏滞系数。

如果液体置于两共轴圆筒间，假定内筒半径为 a，外筒半径为 b，外筒以恒定的角速度 ω 旋转，只要外筒的转速比较小，两圆筒间的液体将会很规则地一层层地转动。垂直于旋转轴的平面上的流线都是一些同心圆，如图 2.37 所示。若 r 层液体的流速为 v，则 r 层液体上所受到的黏滞阻力为

$$F=\eta A\cdot r\frac{\mathrm{d}\omega}{\mathrm{d}r} \tag{2.67}$$

相应的黏滞力矩为

$$M=Fr=\eta A\cdot r^2\frac{\mathrm{d}\omega}{\mathrm{d}r} \tag{2.68}$$

将面积 $A=2\pi\cdot r\cdot l$ 代入式（2.68），可得

$$M=2\pi\eta\cdot l\cdot r^3\frac{\mathrm{d}\omega}{\mathrm{d}r} \tag{2.69}$$

式中，l 为液体高度。

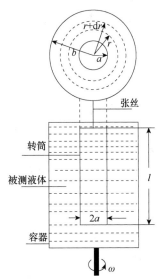

图 2.37　旋转式黏度计原理

为测定黏滞力矩 M，把内圆柱悬挂在张丝上，如图 2.37 所示。当内圆柱受到黏滞力矩而偏转时，就会引起其上面的张丝扭转，张丝扭转所产生的恢复力矩也作用在内圆柱上，恢复力矩的方向和黏滞力矩相反，恢复力矩的大小为

$$M'=D\theta$$

式中，D 为张丝的扭转系数；θ 为圆柱的偏转角。在黏滞力矩和恢复力矩相平衡的条件下，内圆柱就停止转动，此时液体的流动呈稳定状态。

在考虑液体稳定流动的情况下，式（2.69）变为

$$M=\frac{4\pi\eta\cdot la^2b^2\omega}{b^2-a^2}$$

又恢复力矩和黏滞力矩相平衡，即

$$D\theta=\frac{4\pi\eta\cdot la^2b^2\omega}{b^2-a^2} \tag{2.70}$$

进一步考虑作用在内圆柱两端面上的黏滞力矩 M''，式（2.70）表示为

$$D\theta=\frac{4\pi\eta\cdot la^2b^2\omega}{b^2-a^2}+M''$$

为消除端面的黏滞力矩 M''，实验中采用两个半径相同、长度分别为 l_1 和 l_2 的圆柱，做两次实验，在两次实验中必须使端面的黏滞力矩 M'' 保持不变。设第一次实验：

$$D\theta_1=\frac{4\pi\eta\cdot l_1a^2b^2\omega}{b^2-a^2}+M''$$

第二次实验：

$$D\theta_2=\frac{4\pi\eta\cdot l_2a^2b^2\omega}{b^2-a^2}+M''$$

两式相减，消去端面的黏滞力矩 M''，移项整理后得

$$\eta=\frac{(b^2-a^2)(\theta_1-\theta_2)D}{4\pi\cdot a^2b^2(l_1-l_2)\,\omega}$$

又 $\omega=\dfrac{2\pi}{T_0}$，代入上式（T_0 为外转筒的转动周期），得

$$\eta=\frac{(b^2-a^2)(\theta_1-\theta_2)DT_0}{8\pi^2a^2b^2(l_1-l_2)} \tag{2.71}$$

在式（2.71）中，$\dfrac{b^2-a^2}{a^2b^2(l_1-l_2)}$ 项只决定于圆柱半径 a、外转筒半径 b 及圆柱高度 l_1、l_2，因而此项是常数项，称为仪器常数。令 $C=\dfrac{b^2-a^2}{a^2b^2(l_1-l_2)}$，式（2.71）可以写成

$$\eta=C\frac{(\theta_1-\theta_2)DT_0}{8\pi^2} \tag{2.72}$$

实验时采用此式来计算液体的黏滞系数。

【实验内容】

（1）调节水平调节螺钉使平台水平。

（2）用铅垂线调节转筒和深度游标卡尺垂直，把同轴指示器的下端放入转筒，调节深度游标卡尺使内圆柱恰巧与指示器上端相碰，调节同轴调节平台使指示器上端与内圆柱吻合，如图 2.37 所示，此时内圆柱和转筒同轴。

（3）把待测量液体蓖麻油加入转筒。调节深度游标卡尺以确定内圆柱在转筒中的位置。实验要求两内圆柱在转筒中完全被液体所浸没，它们的上底距离液面 1cm，下底距筒底 1cm。

（4）调节标尺使其曲率中心正好在张丝的轴线上，调节聚光器使光斑在标尺上成像最清晰。调节零点调节器，把光斑移动到标尺的零点，启动同步电机，记录光斑在平衡位置的读数。光斑从零点到平衡位置在标尺上所扫过的弧长为 S_1，故偏转角用弧长表示时，$\theta=\dfrac{1}{2}\cdot\dfrac{S}{R}$。实验中分别测出两圆柱所偏转的角度 $\theta_1=\dfrac{1}{2}\cdot\dfrac{S_1}{R}$；$\theta_2=\dfrac{1}{2}\cdot\dfrac{S_2}{R}$，其中 R 为标尺的曲率半径。

（5）测出转筒中蓖麻油的温度。

（6）测出转筒的转动周期 T_0。

（7）测定张丝的扭转系数 D。先在张丝下端固定柱体 1（或 2），使其做扭摆运动，测出相应的振动周期 T_1。

$$T_1 = 2\pi\sqrt{\frac{I_1}{D}} \qquad (2.73)$$

式中，I_1 为包括圆柱体、对接接头和小凹面镜的转动惯量。然后在圆柱下端加载标准圆环，如图 2.38 所示，使其做扭摆运动，并测出其振动周期 T_2。

$$T_2 = 2\pi\sqrt{\frac{I_1 + I_0}{D}} \qquad (2.74)$$

由式（2.73）和式（2.74）消去 I_1，可得

$$D = \frac{4\pi^2 I_0}{T_2^2 - T_1^2} \qquad (2.75)$$

式中，$I_0 = \frac{1}{2}m(r_1^2 + r_2^2)$，其中 m 为圆环的质量，r_1、r_2 分别为圆环的内外半径。

（8）计算 η，把所得的结果与相关手册中所列标准值进行比较。

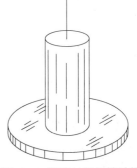

图 2.38　测张丝的扭转系数

【数据处理】

将实验测得的数据填入表 2.26。

实验中主要测量值的参考数据为 $l_1 = 4.00\text{cm}$，$l_2 = 2.00\text{cm}$，$a = 0.300\text{cm}$，$b = 0.500\text{cm}$，$r_1 = 0.300\text{cm}$，$r_2 = 1.00\text{cm}$，$R = 25.00\text{cm}$，再根据标准圆环的质量 m 可以计算出 D。

$D =$ _____ g/cm^2。

表 2.26　转筒法测量液体黏滞系数的数据记录

次数	测量值				
	S_1/cm	S_2/cm	T_0/s	T_1/s	T_2/s
1					
2					
3					
4					
平均值					

注意：

（1）外转筒和内圆柱必须保持清洁，不能让异物落入蓖麻油中。

（2）为了避免在测量过程中油温升高，在光斑到达平衡位置后，应迅速读数，并随即关闭同步电机。在测量完成后，应马上测量油温。

（3）扭转系数与张丝的长度有关，张丝的长度最好选择内圆柱偏转光斑在标尺上偏转弧长为 30cm 左右为宜。

 思考题

（1）为什么要保证旋转式黏度计的仪器轴垂直？当把圆柱放入转筒时，如何保证二者共轴？

（2）转筒法测液体黏滞系数时，先用长圆柱测量有什么好处？

（3）如何测量张丝的扭摆周期？怎样减少测量误差？

（4）总结本实验的光杠杆原理与拉伸法测杨氏弹性模量实验中的光杠杆原理的异同。

（5）分析比较用旋转式黏度计测得的液体黏滞系数与用落球法测得的液体黏滞系数的结果。

2.11.3 毛细管法

【实验仪器】

毛细管黏度计、读数显微镜、分析天平、纯汞、汞温度计、烧杯、停表。

【实验原理】

实验证明，黏滞阻力 F 正比于流层之间的接触面积 A，与垂直于该接触面的速度梯度 $\dfrac{\mathrm{d}v}{\mathrm{d}z}$ 成正比，其公式为

$$F = \eta A \frac{\mathrm{d}v}{\mathrm{d}z} \tag{2.76}$$

式中，η 为黏滞系数，它由液体的性质和温度所决定，并且随着温度的升高而变小。本实验是让水从毛细管中流过，通过测定水的流量，由泊肃叶公式求出黏滞系数。

对于黏滞系数小的液体，这种实验方法简单可行。可以证明，黏滞系数为 η 的液体在内径均匀的毛细管内做层流运动时，在 t 秒内流过的液体体积

$$V = \frac{\pi \cdot R^4}{8L\eta}(p_1 - p_2)\,t = \frac{\pi \cdot D^4(p_1 - p_2)}{128L\eta} \cdot t \tag{2.77}$$

式中，D、L、$p_1 - p_2$ 分别为毛细管的直径（半径为 R）、长度和两端的压强差。此式称为泊肃叶公式。将式（2.77）改写为黏滞系数的计算公式，即

$$\eta = \frac{\pi \cdot D^4(p_1 - p_2)}{128LV} \cdot t \tag{2.78}$$

在推导泊肃叶公式时，认为毛细管两端的压强差 $p_1 - p_2$ 和黏性阻力相互抵消，实际上忽略了液体在毛细管中流动的动能也是由于压强差的作用才获得的。因此克服黏滞阻力的有效压强差比 $p_1 - p_2$ 要小一些。理论分析表明，有效压强差 Δp 和实际压强差之间的关系是 $\Delta p = p_1 - p_2 - \dfrac{\rho V^2}{\pi^2 R^4 t^2}$，其中 ρ 为液体的密度，而泊肃叶公式中 $p_1 - p_2$ 应为有效压强差，所以式（2.78）应改写为

$$\eta = \frac{\pi \cdot D^4 t}{128LV}\left(p_1 - p_2 - \frac{16\rho V^2}{\pi^2 D^4 t^2}\right) \tag{2.79}$$

实际测量时，式（2.79）应有所改变。

（1）压强差 $p_1 - p_2$ 应该对应液体压强计的液柱高度差 $h_1 - h_2$（图2.39），即 $p_1 - p_2 = \rho_g$

（h_1-h_2），实验中压强计中的液体和被测液体是同种液体，密度相同。

（2）如果多次测量，不可能使每次液体流出的时间 t 都相同，因而每次 V 也不同，但每次单位时间内流出的液体体积 $\dfrac{V}{t}$ 是相同的，又因体积难以测量准确，改为测量流出液体的质量，如果单位时间流出流体的质量为 Q，则 $\dfrac{Q}{\rho}=\dfrac{V}{t}$，考虑到这些变动后将式（2.79）改写成

$$\eta=\frac{\pi\cdot D^4\rho}{128LQ}\left[\rho g(h_1-h_2)-\frac{16Q^2}{\rho\pi^2D^4}\right] \tag{2.80}$$

为了测量毛细管的直径 D，可以将毛细管洗好并干燥后，吸入一段纯汞，用读数显微镜（用法见实验 2.1）测量汞柱的长度 l（测量汞柱两端凸出部分的间距），然后将汞倒入烧杯中（空烧杯的质量为 m_0），用分析天平测出烧杯和汞的总质量 m，将汞柱作为圆柱体考虑，则

$$\frac{1}{4}\pi D_1^3l\rho_{Hg}=m-m_0$$

由此可得毛细管直径

$$D_1=2\sqrt{\frac{m-m_0}{\pi\rho_{Hg}l}} \tag{2.81}$$

实际上在洁净的毛细管中的汞的两端是半球形，所以上述对汞体积的计算偏大，多计算的体积为 $\left[\pi\left(\dfrac{D_1}{2}\right)^2\times\dfrac{D_1}{2}-\dfrac{1}{12}\pi D_1^3\right]\times 2=\dfrac{1}{12}\pi D_1^3$，考虑体积修正之后可得

$$\frac{1}{4}\pi D_1^2l\rho_{Hg}-\frac{1}{12}\pi D_1^3\rho_{Hg}=m-m_0$$

则毛细管直径为

$$D=2\sqrt{\frac{m-m_0+\dfrac{1}{12}\pi D_1^3\rho_{Hg}}{\pi l\rho_{Hg}}}$$

式中，D_1 为用式（2.81）求出的直径近似值，在计算修正时完全可以用 D_1 代替 D。

【实验内容】

（1）将纯汞吸入毛细管中（用少许脱脂棉塞上），将毛细管平放在读数显微镜的载物台上，使汞柱和读数显微镜的移动方向一致，测出汞柱两端的位置，注意防止读数显微镜的回程误差。改变汞柱在毛细管中的位置，重复测量几次，求出汞柱长度的平均值 l。

（2）用分析天平称出小烧杯的质量 m_0 之后，将毛细管中的汞慢慢倒入小烧杯中再测质量 m。汞是有毒的，使用时要特别注意不要将其弄洒，洒在地板上的汞不易完全清除，而汞蒸发得很慢，将使实验室长期遭受汞蒸气污染。

根据测量数据计算出毛细管的直径 D。

（3）将毛细管、压强计和恒水位槽如图 2.39 所示连接好，毛细管要保持水平。调节恒水位槽的高度以便限制出口流量，使毛细管两端压强差大于 20cm 水柱。

测量用水要在煮沸后放凉使用，以减少水中气泡，并且放水前要将储水器、压强计、毛细管中的气泡全部赶出。

（4）用天平称衡在时间 t 内流出水的质量，并算出 Q 值。重复放水 4 次，取 Q 的平均值（t 取多大要在试测一次后确定）。测量时要经常注意恒水位槽的溢流管是否有水流

出，压强计的水位是否稳定，每次测 Q 时都要同时读出压强计水位 h_1 和 h_2 及水温。

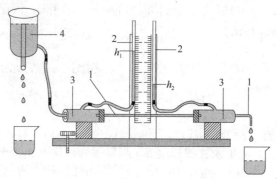

图 2.39　毛细管法实验装置图

1. 毛细管；2. 压强计；3. 储水器；4. 恒水位槽

　　水的黏滞系数随水温的改变而有明显变化。在常温下测量，水温改变 0.1℃时，黏滞系数的差异就将显现出来，因此对 Q 的测量要快速，以防水温改变的影响过大。流出口上可挂一条细棉线，使水沿线流下，以免水滴累积过大。

　　（5）计算出在温度 T（取测量 Q 前后的平均值）时水的黏滞系数及测量的标准不确定度。

【数据处理】

将实验测得的数据填入表 2.27 和表 2.28。

表 2.27　毛细管法测量直径的数据记录

毛细管位置		1	2	3	4	汞柱长 $\bar{l}$ / mm
汞柱位置	l_1/mm					
	l_2/mm					
$l=\lvert l_1-l_2 \rvert$ /mm						

毛细管的长度 $L=$ _____ cm。

汞质量 $m-m_0=$ _____ mg；毛细管直径 $D_1=2\sqrt{\dfrac{m-m_0}{\pi \rho_{Hg} \bar{l}}}=$ _____ mm；

修正后毛细管直径 $D=2\sqrt{\dfrac{m-m_0+\dfrac{1}{12}\pi D_1^3 \rho_{Hg}}{\pi \bar{l} \rho_{Hg}}}=$ _____ mm；$\sigma(D)=$ _____；

结果表示为 $D\pm\sigma(D)=$ _____ ± _____ mm。

表 2.28　毛细管法测量水的黏滞系数的数据记录

项目		次数				
		1	2	3	4	5
温度 /℃	测前					
	测后					
放水质量/g						
时间 t/s						
Q/（g/s）						
(h_1-h_2)/cm						

续表

项目	次数				
	1	2	3	4	5
$/\eta/(\times 10^{-4} \mathrm{Pa \cdot s})$					
$\bar{\eta}/(\times 10^{-4} \mathrm{Pa \cdot s})$					

$E(\eta) = \underline{\hspace{2cm}}$；$\sigma(\eta) = E(\eta) \cdot \bar{\eta} = \underline{\hspace{2cm}}$ Pa·s；

实验结果表示：$\eta = \bar{\eta} \pm \sigma(\eta) = \underline{\hspace{2cm}} \pm \underline{\hspace{2cm}}$ Pa·s。

相对不确定度：$E(\eta) = \underline{\hspace{2cm}}$%。

思考题

（1）怎样判断毛细管中的水流是层流？压强差增大到一定数值后，将由层流转变为湍流，这在实验中将有怎样的表现？

（2）式（2.79）中的修正项在什么情况下可以忽略？

2.12　弦振动的研究

在自然现象中，振动现象广泛地存在着，振动在介质中传播就形成波。波的传播有两种形式：纵波和横波。驻波是一种波的干涉，如乐器中的管、弦、膜、板的共振干涉都是驻波振动。弦振动实验研究振动和波的形成、传播和干涉现象的出现，以及驻波的形状和与有关物理量的关系，并进行测量。

【实验目的】

（1）观察横波在弦线上所形成的驻波波形。

（2）验证弦线上的横波波长与弦线张力、密度的关系。

【实验仪器】

电动音叉、滑轮、弦线、砝码、钢卷尺、分析天平、坐标纸。

【实验原理】

由波动理论可知，横波沿着一条拉紧的弦线传播时，波速 v 与弦线的张力 T、线密度 μ（单位长度的质量）间的关系为

$$v = \sqrt{\frac{T}{\mu}} \tag{2.82}$$

设 f 为弦线的波动频率，λ 为弦线上横波的波长，则根据 $v = f \cdot \lambda$ 和式（2.82）得

$$\lambda = \frac{1}{f}\sqrt{\frac{T}{\mu}} \tag{2.83}$$

对式（2.83）两边取对数，则有

$$\lg \lambda = \frac{1}{2}\lg T - \left(\lg f + \frac{1}{2}\lg \mu\right) \tag{2.84}$$

由式（2.84）可见，在 f、μ 一定时，$\lg \lambda$ 与 $\lg T$ 成正比，即 $\lg \lambda$-$\lg T$ 图为一条倾斜直

线，其斜率为 $\dfrac{1}{2}$，截距 $b = -\left(\lg f + \dfrac{1}{2}\lg\mu\right)$；在 f、T 一定时，$\lg\lambda\text{-}\lg\mu$ 图也为一条倾斜直

线，其斜率为 $-\dfrac{1}{2}$，截距 $c = \dfrac{1}{2}\lg T - \lg f$。为验证 λ 与 T、μ 的关系，并测出振动频率 f（音叉的振动频率与弦线的波动频率相同），本实验采取在弦线中形成稳定驻波的方法。

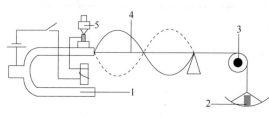

图 2.40　弦振动实验装置

1. 电动音叉；2. 砝码；3. 定滑轮；4. 弦线；5. 断续器

实验装置如图 2.40 所示，将弦线的一端固定在电动音叉的一个叉子的顶端，另一端绕过定滑轮系在载有砝码的砝码盘上。接通电源后，调节音叉断续器 5 的接触点螺钉，使音叉维持稳定的振动，并将其振动沿弦线向滑轮一端传播，形成横波。当横波到达定滑轮顶点后产生反射，由于前进波与反射波能够满足相干条件，在弦线上形成驻波，而任意两个相邻的波节（或波腹）间的距离都为波长的一半。调节弦线的长度 l 或张力 T，使驻波振幅最大且稳定。

理论上可以证明 $l = \dfrac{\lambda}{2}n$，式中 $n = 1$，2，3，…为半波长的波段数（简称半波数），由此可得波长为

$$\lambda = \frac{2l}{n} \tag{2.85}$$

实验中测出不同张力 T 时的 l 和 n，用式（2.85）求出对应波长 λ，通过作 $\lg\lambda\text{-}\lg T$ 图，验证 λ 与 T 的关系；改用 μ 不同的弦线，测出 T、l、n、f（f 为音叉固有频率，与其振动频率相同），代入式（2.85）和式（2.83）又可验证 λ 与 μ 的关系。

【实验内容】

1. 观察驻波的形成和波形及波长的变化

（1）安装调试实验装置。如图 2.40 所示，接通电源，调节断续器的接触点螺钉，使音叉振动。

（2）改变弦线长（移动音叉）或砝码质量，使之产生振幅最大且稳定的驻波，改变弦线长数次，观察波形、波长的变化情况。

2. 验证 λ 与 T 的关系

（1）保持砝码质量不变，前后缓慢移动音叉，改变弦线长度，当振幅最大且稳定后，分别测量半波数 $n = 5$、4、3、2、1 时所对应的弦线长 l。

（2）改变砝码质量，重复上述操作 5 次，并记录数据。

（3）用分析天平称出弦线的质量 m，测出其长度并计算 μ。

3. 验证 λ 与 μ 的关系

改用不同线密度 μ 的弦线，在相同张力下测出对应的 l、n（详细步骤自拟）。

【数据处理】

验证 λ 与 T 的关系，并用作图的方法求出 f。

（1）把实验内容 2 中的数据填入表 2.29 内。

表 2.29　验证 λ 与 T 的关系数据表

$\dfrac{l \quad m}{n}$	60	70	80	90	100
1					
2					
3					
4					
5					
平均波长 $\bar{\lambda}_i$					

注：表中 m 的单位为 g（可视实际情况改变 m 的值）；l 的单位为 cm。

（2）根据式（2.85）求出不同张力下的波长。

（3）用坐标纸作 $\lg \lambda$-$\lg T$ 图，分析图线，得出结论。

（4）根据图线来求出直线的截距 b；由 $\mu = \dfrac{m}{l}$ 求弦线线密度；利用 $b = -\left(\lg f + \dfrac{1}{2} \lg \mu \right)$ 求出 f，并与音叉标称值比较，求出相对误差。

样品弦线 $m=$ _____ g；$l=$ _____ mm；音叉固有频率 $f=$ _____ Hz。

 思考题

（1）本实验中，改变音叉频率，会使波长变化还是波速变化？改变弦线长时，频率、波长、波速中哪个量随之变化？改变砝码质量的情况又会怎样？

（2）调出稳定的驻波后，欲增加半波数，应增加还是减少砝码的质量？是加长还是缩短弦线的长度？

第3章　电磁学实验

3.1　惠斯通电桥测定电阻

电桥在电学测量中有着非常广泛的用途，其中惠斯通电桥是各种电桥中较为简单的一种，常用它来测量中值电阻。电桥法测电阻是一种比较法，即在平衡条件下，将被测电阻与标准电阻进行比较以确定电阻值。

【实验目的】

（1）掌握惠斯通电桥测电阻的原理。

（2）初步掌握携带式直流单电桥的使用方法。

【实验仪器】

QJ-23 型携带式直流单电桥、待测中值电阻、导线、干电池、万用表（备用）。

【实验原理】

电桥是很重要的电磁学基本测量仪器之一，主要用来测量电阻器的阻值、线圈的电感和电容器的电容及其损耗。

为了适应不同的测量目的，设计了多种不同功能的电桥。最简单的是单臂电桥，即惠斯通电桥，用来精确测量中等阻值（几欧姆至几十万欧姆）的电阻。此外，还有测量低阻值（几欧姆以下）的双臂电桥，即开尔文电桥。其基本原理和使用方法大致相同，因此，掌握惠斯通电桥的原理可为正确使用单臂电桥、分析双臂电桥的原理和使用方法奠定基础。

1. 惠斯通电桥的原理

如图 3.1 所示，图中 ab、bc、cd 和 da 四条支路分别由电阻 R_1（R_x）、R_2、R_3 和 R_4 组成，称为电桥的四条桥臂。通常，桥臂 ab 接被测电阻 R_1（R_x），其余各臂电阻都是可调节的标准电阻。在 bd 两对角间连接检流计、开关和限流电阻 R_G；在 ac 两对角间连接电池、开关和限流电阻 R_E。当接通开关 K_G 和 K_E 后，各支路中均有电流通过，检流计支路起沟通 abc 和 adc 两条支路的作用，可直接比较 b、d 两点的电势，电桥由此得名。适当调整各臂的电阻值，可以使流过检流计的电流为零，即 $I_G=0$，这时称电桥达到了平衡。平衡时 b、d 两点的电势相等，因而有

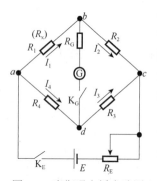

图 3.1　惠斯通电桥电路图

$$I_1 R_1 = I_4 R_4 \tag{3.1}$$

$$I_2 R_2 = I_3 R_3 \tag{3.2}$$

因为 $I_1=I_2$，$I_3=I_4$，用式（3.1）两边分别比式（3.2）两边，整理得

$$R_1 = \frac{R_2}{R_3} \cdot R_4 = R_x \tag{3.3}$$

2．QJ-23 型携带式直流单电桥的原理及结构

本实验采用 QJ-23 型携带式单电桥，它的实际电路如图 3.2 所示，面板结构如图 3.3 所示。

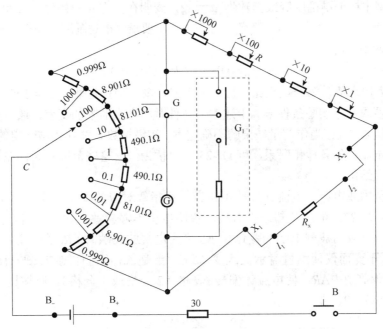

图 3.2　QJ-23 型携带式单电桥电路

电桥各部件的作用及特点说明如下：

（1）比率臂，相当于图 3.1 中的 R_2 和 R_3，由 8 个精密电阻组成，其总电阻大约为 1kΩ，示值 $C=R_2/R_3$，即比率，有 0.001～1000 七挡。

（2）测量臂 R 由四个十进位电阻器盘组成，最大阻值为 9999Ω（最小值要求为 1000Ω，×1000 挡不允许空位）。调节 C 和 R 使电桥平衡时，被测电阻值为 $R_x=CR$。

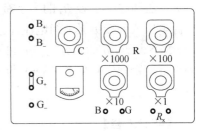

图 3.3　QJ-23 型电桥面板

（3）端钮 X_1 和 X_2 接被测电阻，B_+ 和 B_-、G_+ 和 G_- 分别为外接电源、外接电流计用的接线端钮。

（4）电流计 G 的灵敏度约为 3×10^{-6}A/div，内阻近百欧姆，用以指示电桥平衡与否。电流计上有调零旋钮，测量前应预先调好电流计零位。实验中我们把引起仪表示值可觉察变化的被测量的最小变化值称为灵敏阈，这里取 0.2 分格所对应的电流值作为电流计的灵敏阈。

（5）电源及电流计开关。B 是电源开关，实验中不要将此开关按下，以避免电流热效应引起的阻值改变，并防止电池很快耗尽。电流计开关 G 一般只能点按，以避免非瞬时过载而引起的损坏。

用电桥测电阻前，通常应先知道（或用万用表粗测）被测电阻的大约值，然后预置比率盘和测量盘于相应的值，再调节 C 和 R 的值进行测量。

3. 单电桥的测量误差分析

QJ-23 型电桥的准确度等级指数为 $\alpha=0.2$，表明在一定参考条件下（20℃附近，电源电压偏离额定值不大于 10%，绝缘电阻符合一定要求，相对湿度为 40%～60%），电桥的基本误差极限 $E_{\lim}$ 可表示为

$$E_{\lim}=\pm 0.01\alpha（CR+CR_N/10） \tag{3.4}$$

式中，$E_{\lim}$ 为比率值，第一项正比于被测电阻值，第二项是常数，$R_N=5000$。在实验室中，我们不要求考虑实验条件偏离上述参考条件时所产生的附加变差，通常把基本误差极限的绝对值 $\Delta\alpha$ 直接当作测量结果的不确定度。等级指数 α 往往还与一定的测量范围、电源电压和电流计的条件相联系，以 QJ-23 型电桥为例，这些范围和条件在它的铭牌及说明书上已经给出。

若测量范围或电源、电流计条件不符合等级指数对应的要求，电桥平衡后改变 R_x（或等效地改变 R），电流计却未见偏转，说明电桥不够灵敏。我们可将电流计灵敏阈（0.2 分格）所对应的被测电阻的变化量 ΔS 称为电桥的灵敏阈。R_x 的改变量 ΔS 可近似等效为使 R_x 不变而仅使测量盘示值改变 $\Delta S/C$。于是 ΔS 可这样测得：平衡后，将测量盘电阻 R 调偏到 $R+\Delta R$，使电流计偏转 Δd 格（2 分格或 1 分格），则按比例关系应有 $C\cdot\Delta R/\Delta d=\Delta S/0.2$，即

$$\Delta S=0.2C\cdot\Delta R/\Delta d \tag{3.5}$$

电桥的灵敏阈 ΔS 反映了平衡判断中可能包含的误差，其值和电源及电流计的参数有关，还和比率 C 及 R_x 的大小有关。ΔS 越大，电桥越不灵敏。要减小 ΔS，可适当提高电源电压或外接更灵敏的电流计。当测量范围及条件符合仪表说明书所规定的要求时，即 ΔS 不大于 $\Delta\alpha$ 的几分之一，可不计 ΔS 的影响，这时式（3.4）第二项已包含了灵敏阈的因素。否则，应从式（3.6）得出测量结果的不确定度：

$$\Delta R_x=（\Delta\alpha^2+\Delta S^2）^{\frac{1}{2}}=（E_{\lim}^2+\Delta S^2）^{\frac{1}{2}} \tag{3.6}$$

【实验内容】

（1）熟悉电桥的结构，预调电流计零位。

（2）根据被测电阻的标称值，首先选定比率 C 并预置测量盘；接着调节电桥平衡而得到测量盘读数 R 值，并总结出操作规律；然后测出偏离平衡位置 Δd 分格所需的测量盘示值变化 ΔR。被测电阻共 7 个。

（3）按表 3.1 计算 C、R 的测量值，分析误差并给出各电阻的测量值。

【数据处理】

将实验所得数据填入表 3.1。

表 3.1　数据记录表

仪器组号_____；电桥型号_____；编号_____

电阻标称值/Ω						
比率臂读数 C						
准确度等级指数 α						
平衡时测量盘读数 R						
平衡后将电流计调偏 Δd/格						
与 Δd 对应的 ΔR/Ω						
测量值 CR/Ω						
$E_{\lim}=0.01\alpha\,(CR+500C)$						
$\Delta S=0.2C\Delta R/\Delta d$						
$\Delta R_{x}=\left(E_{\lim}^{2}+\Delta S^{2}\right)^{\frac{1}{2}}/\Omega$						
$R_{x}=CR\pm\Delta R_{x}/\Omega$						

思考题

（1）为什么测量盘 R 的×1000 挡不允许置零位？

（2）在调节电桥平衡时应怎样操作灵敏度旋钮？为什么？

3.2　双臂电桥测定低值电阻

电阻按其阻值的大小，大致可分为三类：在 1Ω 以下的为低电阻，1Ω～100kΩ 为中电阻，100kΩ 以上的为高电阻。不同阻值的电阻，其测量方法是不尽相同的，都有各自的特点。例如，利用惠斯通电桥测中值电阻时，由于导线本身的电阻及导线接触点的接触电阻与待测电阻相比较可以忽略不计，故可以得到较为精确的结果。

双臂电桥（又称开尔文电桥）是在惠斯通电桥的基础上发展而来的，用以精确测量低值电阻的一种装置。它采用四端接线法，利用它可以消除各种附加电阻对测量结果的影响，是测量 1Ω 以下低值电阻的常用仪器，如测量金属材料的电阻率和电机、变压器绕组的电阻及低阻值线圈电阻等。

【实验目的】

（1）了解双臂电桥测量低电阻的原理，掌握双臂电桥的使用方法。

（2）初步掌握厢式双臂电桥的使用方法。

【实验仪器】

厢式双臂电桥、待测低值电阻、导线。

【实验原理】

本实验采用双臂电桥测量低值电阻。

用双臂电桥测定低值电阻，就是将未知低值电阻 R_{x} 和已知的标准低值电阻 R_{s} 相比较；为了消除接触电阻和导线电阻对被测电阻的影响，在连接电路时均采用四接点接线。其测

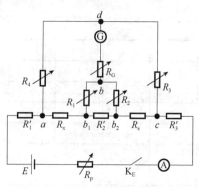

图 3.4　开尔文电桥的测量原理图

量原理如图 3.4 所示，R_1'、R_2'、R_3' 表示接触电阻和导线电阻，比较 R_x 和 R_s 两端的电压时，可通过两个分压电路 adc 和 b_1bb_2 去比较 b、d 两点的电势，由于 R_1、R_2、R_3、R_4 的电阻值较大，其两端的接触电阻和导线电阻可以忽略不计。调节 R_1、R_2、R_3、R_4 的值，使 $I_G=0$，即

$$U_{bc}=U_{dc} \tag{3.7}$$

由于

$$U_{bc}=U_{b_1b_2}\frac{R_2}{R_1+R_2}+U_{b_2c}\approx I_{R_2'}\left(\frac{R_2'R_2}{R_1+R_2}+R_s\right) \tag{3.8}$$

$$U_{dc}=U_{ac}\frac{R_3}{R_3+R_4}\approx I_{R_s}(R_x+R_2'+R_s)\frac{R_3}{R_3+R_4} \tag{3.9}$$

又由于 $R_2'\ll R_1$ 或 $R_2'\ll R_2$，因此 $I_{R_2'}\approx I_{R_s}=I$，代入式（3.8）和式（3.9）中并由此两式消去 I 得

$$\frac{R_3(R_x+R_2'+R_s)}{R_3+R_4}=\frac{R_2'R_2}{R_1+R_2}+R_x \tag{3.10}$$

整理式（3.10）得

$$R_x=R_s\frac{R_4}{R_3}+R_2'\left(\frac{1+\dfrac{R_4}{R_3}}{1+\dfrac{R_1}{R_2}}-1\right) \tag{3.11}$$

由式（3.11）可以看出，当 $\dfrac{R_4}{R_3}=\dfrac{R_1}{R_2}$ 时，式（3.11）中右侧括号中的值等于零，因而式（3.11）即简化为

$$R_x=\frac{R_4}{R_3}\cdot R_s \tag{3.12}$$

式（3.12）就是双臂电桥测定低值电阻的测量式。在该式中不含有接触电阻和导线电阻，因而双臂电桥在测低值电阻时消除了接触电阻和导线电阻对被测低值电阻结果的影响，因此双臂电桥能准确地测定低值电阻。

【实验内容】

用双臂电桥测定四种不同规格、外色不同的塑包铜线的电阻值。

（1）将被测塑包铜线接到双臂电桥的四个接线端上。

（2）调节检流计指针指到零刻度上。

（3）选取合适的倍率。

（4）在灵敏度低的情况下，闭合开关 K_E。

（5）根据检流计指针偏转方向及大小调节读数盘的值。

（6）当灵敏度最高而检流计指针指到零刻度线上（即电桥达到平衡）时读数。

（7）每根塑包铜线测量三次。

（8）计算塑包铜线的电阻率 $\rho=\dfrac{\pi d^2}{4l}R_x$。

实验中要记下双臂电桥的编号、测量范围和准确度等级指数。根据实验记录，计算并得到完整的测量结果。

【数据处理】

将实验测得的数据填入表 3.2。

表 3.2　数据记录表

双臂电桥的编号_____；测量范围_____；准确度等级指数_____

项目	根数							
	1		2		3		4	
R_s/Ω								
R_x/Ω								
$\overline{R_x}/\Omega$								
d/mm								
$\overline{d}/\mathrm{mm}$								
l/m								
$\overline{l}/\mathrm{m}$								
ρ								

知识拓展

QJ-44 型双臂电桥的结构与使用说明

QJ-44 型双臂电桥的实际电路如图 3.5 所示，双臂电桥面板如图 3.6 所示。

图 3.5 上方的六个电阻相当于图 3.4 中 R_4 和 R_3，R_4/R_3 分为 10^{-2}、10^{-1}、1、10、10^2 五挡，分别在面板上比率开关处标明。电路图中间的六个电阻相当于图 3.4 中 R_1 和 R_2，由同一比率开关将它们与 R_4 和 R_3 一起联动切换，且保证 $R_4/R_3＝R_1/R_2$。电流放大器和电流计相连，组成了高灵敏度电流计，其灵敏度可通过图 3.6 中灵敏度调节旋钮调节，内接的放大器电源由图 3.6 中的开关 B_1 接通。电路图中其他各部分都可与面板上的部件一一对应。测未知电阻时，图 3.6 中的按钮开关 B、G 和测量臂旋钮的作用及调节方法与单臂电桥相似，但应特别注意以下几点。

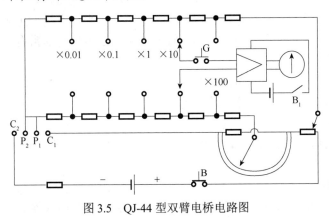

图 3.5　QJ-44 型双臂电桥电路图

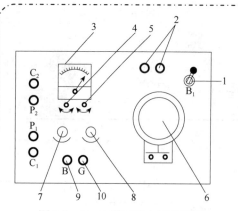

图 3.6　QJ-44 型双臂电桥面板图

1. 电流放大器电源开关 B_1；2. 外接电源端钮；
3. 电流计；4. 电流计调零旋钮；5. 灵敏度调节旋钮；
6. 滑线读数盘；7. 比率调节盘；8. 步进读数旋钮；
9. 工作电源开关；10. 电流计开关
C_1、C_2 与 P_1、P_2 分别为被测电阻的电流接线柱和电压接线柱

被测电阻要按四端接法接入，并根据其大约阻值预置比率开关的位置，工作电源 E 用 1.5V 钾电池，外接于面板上外接电源端钮处。

图 3.6 中电流放大器电源开关 B_1 接通后，经预热 5min，然后将灵敏度调节旋钮沿逆时针方向旋到最小，再调电流计至零位。测量中调节平衡应先从低灵敏度开始，然后逐步将灵敏度调到最大并随即调节电桥平衡，从而得到读数 R 和 R_4/R_3。

工作电源开关 B 一般应间歇使用，即点按。电桥用完后务必断开开关 B_1、B 和 G。

根据制造厂规定，QJ-44 型双臂电桥在环境温度为（20 ± 10）℃、相对湿度小于 80%、基本量限为 $0.01\sim11\Omega$ 的条件下，电阻值测量结果的不确定度为

$$\Delta R_x = 0.2\% R_{max}$$

式中，0.2 是准确度等级指数；R_{max} 是在所用的比率（R_4/R_3）下最大可测电阻值。例如，比率为 10 时，$R_{max}=1.1\Omega$，这时 $\Delta R_x=0.0022\Omega$。

 思考题

（1）实验中为什么要采取四端接线法？
（2）为什么要在灵敏度最高时读取数据？

3.3　用箱式电势差计测定电动势

电势差计是用来精密测量电势差或电动势的一种电测仪器，它不但可以直接测量电动势、电压，还可以间接测量电流、电阻等，也可以用来校准精密电表和直流电桥等，在非电参量（如温度、压力、距离和速度等）的电测法中也是非常有用的。

【实验目的】
（1）了解箱式电势差计的结构和原理。
（2）学习使用箱式电势差计测量电动势。

【实验仪器】
箱式电势差计、标准电池、直流电源、检流计、滑线变阻器、电阻箱、开关、导线、待测电池。

【实验原理】
箱式电势差计是用来精确测量电池电动势或电势差的专门仪器。
如图 3.7 所示，由工作电源 E、电阻 R_{AB}、限流电阻 R_P 构成测量电路。

其中有稳定而准确的电流 I_0；电源 E_x 与检流计 G 组成一补偿分路，调节 P 点使 G 中电流为零，AP 间电压为 V_{AP}，则 $E_x=V_{AP}$，而 $V_{AP}=R_{AP} \cdot I_0$（R_{AP} 为 A、P 间的电阻），所以 $E_x=R_{AP} \cdot I_0$，即当测量电路的电阻与电流已知时，可得 E_x 的值，如将 E_x 改用标准电池 E_s，可得 $E_s=R_s \cdot I_0$ 或 $I_0=\dfrac{E_s}{R_s}$，因此

$$E_x=\frac{R_{AP}}{R_s}E_s \qquad (3.13)$$

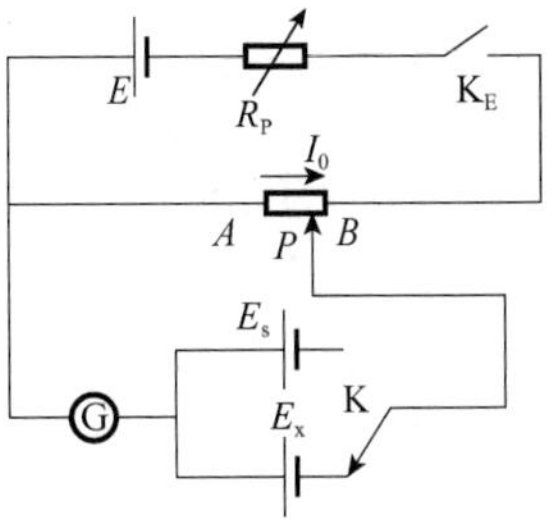

图 3.7　电势差计原理图

通过对滑动变阻器 P 点的调节，进行二次电压比较，取平衡时的 R_{AP} 和 R_s 值，根据式（3.13）可求得待测电源 E_x 的电动势。

1. 箱式电势差计的工作电流与电压值标度

用箱式电势差计测量电压时，并不需要用式（3.13）去计算。它是将测量范围内的电压值标在面板上，通过补偿测量法可以从面板上直接读出被测电压值。

如图 3.8 所示，将图 3.7 中的电阻 R_{AB} 改为相同的电阻 R 的串联电路，设计仪器时，先规定仪器的工作电流 I_0（如 $I_0=0.00010000\mathrm{A}$），其次按 $R=\dfrac{0.10000\mathrm{V}}{I_0^*}$ 确定 R 的精确值，这样制作的电势差计，其 a，b，c，…各点和 A 点电势差精确为 0.1V，0.2V，0.3V，…，因此可将这些电压值标在 a，b，c，…各点处。箱式电势差计面板上的电压值标度就是按此原理得到的。当然，实际仪器的电路要复杂得多，图 3.8 是标度方法的示意图。

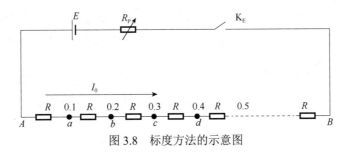

图 3.8　标度方法的示意图

使用标度过的电势差计去测量，如图 3.9 所示，移动 P 点，当检流计 G 中的电流为零时，则 P 点的示值等于电动势 E_x 的值。

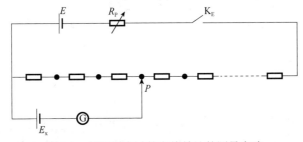

图 3.9　使用标度过的电势差计的测量电路

2. 标准电池与工作电流的校准

为使图 3.8 中 a，b，c，d，…各点的实际电压值和标度值一致，必须使实验电路中的电流和设计的工作电流 I_0 一致，在电路中加入一个电流计可以检查实际电流的大小，但是准确度不够。

图 3.10 所示的电路是在图 3.8 所示电路中加入用标准电池 E_s 监控电流的校准电阻 R_s。若 20℃时所用标准电池的电动势为 1.01859V，则在设计时使电阻 R_s 在 E、K 间阻值 $R_{EK}=\dfrac{1.01859}{I_0}\Omega$，并在 K 点处标以 1.01859V。以后每次在 20℃使用此仪器时，先将 K 移至 1.01859V 处，调节限流电阻 R_s，当检流计读数为零时，测量电路中的电流即等于设计的工作电流 I_0。

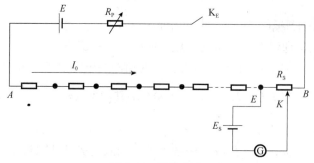

图 3.10 校准电路

从以上的分析可以看出，用电势差计测量 E_x，是先用标准电池 E_s 校准测量电路的工作电流 I_0，再用测量电路和 E_x 去比较，即 E_x 是通过电势差计和 E_s 相比较得到的。

3. 用电势差计测量电动势

箱式电势差计的原理如图 3.11 所示，待测电池的两极或待测电势差的电路两点接到 X_1、X_2。图中的双刀双掷开关 S_1 合向右侧，则检流计和校准电路连接；S_1 合向左侧，则检流计和被测电路连接。测电动势时，可按图 3.12 所示连接电路。

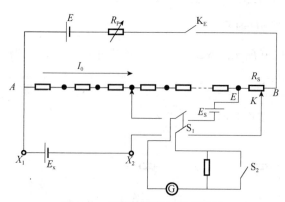

图 3.11 箱式电势差计的原理图

【实验内容】

（1）观察电势差计面板，了解各旋钮的作用。

（2）校准工作电流。查出室温下标准电池的电动势，调节 R_s 使之符合此值，由粗到细调节限流电阻 R_s 使电势差计平衡，这就校准了工作电流。实验中要检查 I_0 是否有变化，如有变化，要重新校准。

（3）测量电动势。

【数据处理】

自行设计数据表格记录工作电流 I_0，记录 R_s，要求测三次求 E_x 平均值。

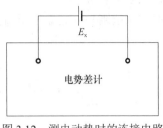

图 3.12　测电动势时的连接电路

 **思考题**

（1）电势差计为什么能测量电池的电动势？

（2）为什么要讨论和测量电势差计的灵敏度？

（3）为什么要使工作电流标准化？

3.4　制流电路与分压电路

在实验中经常用到制流电路和分压电路。而制流电路和分压电路中的控制元件主要使用滑线变阻器。选择滑线变阻器的合适参数（阻值和额定电流），可使负载上的电流和电压随变阻器触头位置的改变而均匀变化，即调节的线性较好。作出滑线变阻器的制流特性曲线和分压特性曲线，便可得知滑线变阻器与负载怎样匹配。

【实验目的】

（1）了解基本仪器的性能和使用方法。

（2）掌握制流与分压两种电路的连接方法、性能和特点。

【实验仪器】

毫安表、伏特表、万用电表、直流电源、滑线变阻器、电阻箱、开关、导线。

【实验原理】

控制电路的任务就是控制负载的电流和电压，使它们在预计的范围内变化。常用的控制电路是制流电路与分压电路。

1.　制流电路

制流电路如图 3.13 所示，图中 E 为直流电源，R_0 为滑线变阻器，A 为电流表；R_z 为负载，本实验采用电阻箱；K 为电源开关。一般情况下负载 R_z 中的电流为

$$I = \frac{E}{R_z + R_{AC}} = \frac{\dfrac{E}{R_0}}{\dfrac{R_z}{R_0} + \dfrac{R_{AC}}{R_0}} = \frac{\dfrac{E}{R_0}}{K + X}$$

图 3.13　基本制流电路

式中，$K = \dfrac{R_z}{R_0}$，$X = \dfrac{R_{AC}}{R_0}$。

不同 K 值的制流特性曲线如图 3.14 所示。

2.　分压电路

分压电路如图 3.15 所示，滑线变阻器两个固定端 A、B 与电源 E 相接，负载 R_z 接滑

动端 C 和固定端 A（或 B）上，当滑动端 C 由 A 端滑至 B 端，负载上电压由 0 变至 E，调节的范围与变阻器的阻值无关。当滑动端 C 在任一位置时，AC 两端的分压值 U 为

$$U = \frac{K \cdot R_{AC} \cdot E}{R_z + R_{BC} \cdot X}$$

式中，$K = \dfrac{R_z}{R_0}$，$X = \dfrac{R_{AC}}{R_0}$，$R_0 = R_{AC} + R_{BC}$。

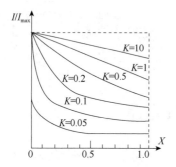

图 3.14　不同 K 值的制流特性曲线

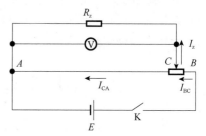

图 3.15　基本分压电路

由实验可得不同 K 值的分压特性曲线，如图 3.16 所示。

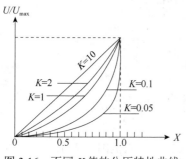

图 3.16　不同 K 值的分压特性曲线

【实验内容】

1. 测绘出 $K = 0.5$ 的一条制流曲线

（1）按照图 3.13 连接测量线路。

（2）根据 $R_z = KR_0$ 把变阻器滑动端拨到适当的位置（如果 $R_0 = 4\mathrm{k}\Omega$，则 $R_z = 2\mathrm{k}\Omega$）。

（3）根据 R_z 的值及电流表的量程选取电源电压值。

（4）令滑线变阻器电阻丝绕到管面上的长度为 l_0，AC 之间的长度为 l。

（5）检查线路无误，接通电源。

（6）调节滑动端 C 的位置，使 l 分别为 l_0、$\dfrac{1}{2}l_0$、$\dfrac{1}{3}l_0$、$\dfrac{1}{4}l_0$、$\dfrac{1}{5}l_0$，把对应的电流值 I_1、I_2、I_3、I_4、I_5 记录下来（表 3.3）。

（7）在直角坐标系中，以纵坐标表示电流，横坐标表示 $\dfrac{l}{l_0}$，把纵坐标为 I_1、I_2、I_3、I_4、I_5，对应的横坐标为 1、$\dfrac{1}{2}$、$\dfrac{1}{3}$、$\dfrac{1}{4}$、$\dfrac{1}{5}$ 的各坐标点在直角坐标系中找出并描点，然后用平滑的曲线把各坐标点连接起来，这条曲线就是 $K = 0.5$ 的一条制流曲线。

2. 测绘 $K = 0.1$ 的一条分压曲线

（1）按照图 3.15 所示连接线路。

（2）根据 $R_z = KR_0$ 把变阻器滑动端拨到合适位置。

（3）根据电压表的量程及 R_z 和 R_0 选取电源电压值。

（4）检查无误，接通电源，同时令滑线变阻器电阻丝绕到管面上的长度为 l_0，AC 之间的长度为 l。

（5）改变滑动端 C 的位置，依次使 l 为 l_0、$\frac{1}{2}l_0$、$\frac{1}{3}l_0$、$\frac{1}{4}l_0$、$\frac{1}{5}l_0$，并把对应的电压表指示值 U_1、U_2、U_3、U_4、U_5 记录下来（表 3.4）。

（6）在直角坐标系中，以纵坐标表示电压 U，横坐标表示 $\frac{l}{l_0}$，把纵坐标为 U_1、U_2、U_3、U_4、U_5，对应的横坐标为 1、$\frac{1}{2}$、$\frac{1}{3}$、$\frac{1}{4}$、$\frac{1}{5}$ 的各坐标点在本直角坐标系中找出并描点，然后用平滑的曲线把各坐标点连接起来，连接起来的曲线就是 $K=0.1$ 的分压曲线。

【数据处理】

将实验测得的数据填入表 3.3 和表 3.4。

表 3.3　电流记录

l	l_0	$\frac{1}{2}l_0$	$\frac{1}{3}l_0$	$\frac{1}{4}l_0$	$\frac{1}{5}l_0$
$X=\frac{l}{l_0}$	1	$\frac{1}{2}$	$\frac{1}{3}$	$\frac{1}{4}$	$\frac{1}{5}$
I					

表 3.4　电压记录

l	l_0	$\frac{1}{2}l_0$	$\frac{1}{3}l_0$	$\frac{1}{4}l_0$	$\frac{1}{5}l_0$
$X=\frac{l}{l_0}$	1	$\frac{1}{2}$	$\frac{1}{3}$	$\frac{1}{4}$	$\frac{1}{5}$
U					

 思考题

（1）从制流曲线与分压曲线中分析制流电路与分压电路各有什么特点。

（2）K 值取多大时线性较好？

3.5　电学元件伏安特性的测量（四项）

DH6102 型伏安特性实验仪由直流稳压电源、可变电阻器、电压表、电流表及被测元件等五部分组成，电压表和电流表采用四位半数显表头，可以独立完成对线性电阻元件、半导体二极管、钨丝灯泡等电学元件的伏安特性测量。只有合理配接电压表和电流表，才能使测量误差最小。

1. 直流稳压电源技术指标

（1）输出电压：0～16V。

（2）负载电流：0～0.2A。

（3）输出电压稳定性：优于 $1\times10^{-4}/h$。

（4）输出波纹：$\leqslant 1mV/ms$。

（5）负载稳定性：优于 1×10^{-3}。

（6）输出设有短路保护电路和过流保护电路，最大输出电流为 0.2A。

（7）输出电压调节：分粗调、细调，配合使用。

（8）输入电源：$220\times(1\pm10\%)$ V，50Hz；最大功率为 20W。

2．可变电阻器的结构和技术指标

1）电路结构

可变电阻器由 $(0\sim10)\times1k\Omega$、$(0\sim10)\times100\Omega$ 和 $(0\sim10)\times10\Omega$ 三位可变电阻开关盘构成，电路原理如图 3.17 所示。

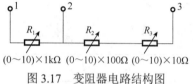

$(0\sim10)\times1k\Omega$　$(0\sim10)\times100\Omega$　$(0\sim10)\times10\Omega$

图 3.17　变阻器电路结构图

2）技术指标

（1）电阻变化范围：$0\sim11100\Omega$，最小步进值 10Ω，精度为 1%。

（2）电阻的功率值：$(1\sim10)\times1k\Omega$，0.5W；$(1\sim10)\times100\Omega$，1W；$(1\sim10)\times10\Omega$，5W。

3）使用说明

（1）作变阻器用。1 号和 3 号端子间电阻值等于三位开关盘电阻示值之和，电阻变化范围为 $0\sim11100\Omega$，最小步进值为 10Ω。

（2）构成变阻输入式分压箱。当电源正极接 1 号端子，负极接 3 号端子，从 2 号端子和 3 号端子上获得电源的分压输出。其原理如图 3.18 所示。

由图 3.18 得

$$U_0=E\frac{R_2+R_3}{R_1+R_2+R_3}$$

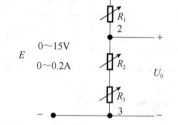

图 3.18　变阻输入式分压箱原理图

式中，U_0 为分压电压输出值，V；E 为电源电压，V；R_1 为 $\times1k\Omega$ 开关盘示值电阻，R_2 为 $\times100\Omega$ 开关盘示值电阻，R_3 为 $\times10\Omega$ 开关盘示值电阻，R_1、R_2、R_3 都可由开关旋钮转接而变化。

变阻输入式分压箱的优点是分压器的工作电流可变。

3．电压表

（1）满量程电压：2V、20V。

（2）表头最大显示：19999。

电压表量程和对应的内阻、精度见表 3.5。

表 3.5　电压表量程及对应的内阻、精度

电压表量程/V	2	20
电压表内阻/MΩ	3	3
电压表精度/%	0.2	0.2

4. 电流表

（1）满量程电流：2mA、20mA、200mA。

（2）表头最大显示：19999。

电流表量程及对应内阻、精度见表 3.6。

表 3.6 电流表量程及对应内阻、精度

电流表量程/mA	2	20	200
电流表内阻/Ω	100	10	1
电流表精度/%	0.5	0.5	0.5

注意：电压表和电流表测量前必须选择合适的量程，当 4 位 "0" 同时闪烁时为超量程使用，请重新选择合适的量程。

5. 被测元件

1）被测元件的主要参数

（1）RJ-0.5W-1kΩ（±5%）：金属膜电阻器，安全电压为 20V。

（2）RJ-0.5W-10kΩ（±5%）：金属膜电阻器，安全电压为 20V。

（3）二极管，最高反向峰值电压 15V，最大正向电流≤0.2A（正向压降 0.8V）。

（4）稳压管 2CW56（旧型号：2CWl5）：稳定电压 7～8.8V，最大工作电流 27mA，工作电流为 5mA 时动态电阻为 15Ω，正向压降≤1V。

（5）钨丝灯泡：冷态电阻为 10Ω 左右（室温下），12V、0.1A 时热态电阻为 80Ω 左右，安全电压≤13V。

2）被测元件的安全性说明

（1）RJ-0.5W-1kΩ、RJ-0.5W-10kΩ 两只电阻的安全电压都是按额定功率的 80%计算所得，本实验仪直流稳压电源电压为 0～15V，因此这两只电阻在进行伏安特性测量时，不加任何限流电阻或分压降压措施都是安全的。

（2）稳压管和二极管的正向特性大致相同，正向测量时一定要限制正向电流，不要超过最大正向电流的 70%左右；稳压管反向击穿时要串入电阻器限制其稳压工作电流不超过最大工作电流。二极管反向击穿时，电流值会比较大，此时也要限制其反向电流不超过 200mA，以免击穿损坏。

（3）钨丝灯泡冷电阻约 10Ω，突然加上 12V 电压，有可能造成灯泡钨丝断裂。为了保证钨丝灯泡安全，加电前应串入 100Ω 限流电阻。

6. 成套性

（1）KT4ABD51 连接线：10 根。

（2）电源线：1 根。

（3）熔断器（0.5A，已在电源插座中）：2 只。

（4）易损元器件备品。

① 稳压管 2CW56：2 只。

② 二极管 13005：2 只。

③ 钨丝灯泡：2 只。

3.5.1　线性电阻器伏安特性测量及测试电路设计

【实验目的】

按被测电阻大小及电压表和电流表内阻大小，掌握线性电阻元件伏安特性测量的基本方法。

【实验仪器】

DH6102 型电学元件伏安特性实验仪。

【实验原理】

1. 伏安特性

在电阻器两端施加一直流电压，在电阻器内就有电流通过。根据欧姆定律，电阻器电阻值为

$$R = \frac{U}{I} \tag{3.14}$$

式中，R 为电阻器在两端电压为 U、通过的电流为 I 时的电阻值，Ω；U 为电阻器两端电压，V；I 为电阻器内通过的电流，A。

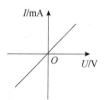

图 3.19　线性元件的伏安特性曲线

欧姆定律公式［式（3.14）］可表述成下式：

$$I = \frac{U}{R}$$

以 U 为自变量，I 为函数，作出电压与电流关系曲线，称为该元件的伏安特性曲线，如图 3.19 所示。

对于线绕电阻、金属膜电阻等电阻器，其电阻值比较稳定，其伏安特性曲线是一条通过原点的直线，即电阻器内通过的电流与两端施加的电压成正比，这种电阻器称为线性电阻器。

2. 线性电阻的伏安特性测量电路的设计

当电流表内阻为 0，电压表内阻无穷大时，图 3.20 和图 3.21 所示两种测试电路都不会带来附加测量误差。

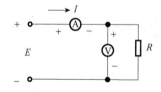

图 3.20　电流表外接测量电路

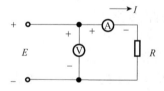

图 3.21　电流表内接测量电路

被测电阻 $R = \dfrac{U}{I}$。

实际的电流表具有一定的内阻，记为 R_I；电压表也具有一定的内阻，记为 R_U。因为 R_I 和 R_U 的存在，如果简单地用公式 $R=\dfrac{U}{I}$ 计算电阻器的电阻值，必然带来附加测量误差。为了减少这种附加误差，测量电路可以粗略地按下述办法选择：

① 当 $R_U \gg R$，R_I 和 R 相差不大时，宜选用电流表外接电路，此时 R 为估计值；

② 当 $R \gg R_I$，R_U 和 R 相差不大时，宜选用电流表内接电路；

③ 当 $R \gg R_I$，$R_U \gg R$ 时，必须先用电流表内接和外接电路做测试，然后确定。

方法如下：先按电流表外接电路接好测试电路，调节直流稳压电源电压，使电流表和电压表显示较大的数字，保持电源电压不变，记下两表值为 U_1、I_1；再将电路改成电流表内接式测量电路，记下两表值为 U_2、I_2。

将 U_1、U_2 和 I_1、I_2 比较，如果电压值变化不大，而 I_2 较 I_1 显著减小，说明 R 是高值电阻，此时选择电流表内接测试电路为好；反之电流值变化不大，而 U_2 较 U_1 显著减小，说明 R 为低值电阻，此时选择电流表外接测试电路为好。

当电压值和电流值均变化不大时，两种测试电路均可选择（思考：什么时候会出现如此情况？）

如果要得到测量准确值，就必须按以下两式予以修正。

电流表内接测量时：

$$R=\frac{U}{I}-R_I \tag{3.15}$$

电流表外接测量时：

$$\frac{1}{R}=\frac{I}{U}-\frac{1}{R_U} \tag{3.16}$$

上两式中，R 为被测电阻阻值，Ω；U 为电压表读数值，V；I 为电流表读数值，A；R_I 为电流表内阻值，Ω；R_U 为电压表内阻值，Ω。

3. 实验设计

（1）被测电阻器：选择 1kΩ 电阻器。

（2）线路设计：如图 3.22 所示。

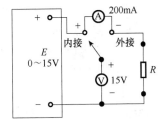

【实验内容】

（1）电流表外接测试。

（2）电流表内接测试。

（3）测试电路优选方法验证。

（4）按式（3.15）和式（3.16）修正计算结果。

图 3.22　实验电路接线图

【数据处理】

将实验测得的数据填入表 3.7。

表 3.7　1kΩ 电阻器伏安特性曲线测试数据表

电流表内接测试				电流表外接测试			
U/V	I/A	$R_{直算值}$/Ω	$R_{修正值}$/Ω	U/V	I/A	$R_{直算值}$/Ω	$R_{修正值}$/Ω

续表

电流表内接测试				电流表外接测试			
U/V	I/A	$R_{直算值}$/Ω	$R_{修正值}$/Ω	U/V	I/A	$R_{直算值}$/Ω	$R_{修正值}$/Ω

 思考题

（1）简述电阻器的伏安特性。

（2）采用电流表内接和外接两种测试法，根据 $R=1\text{k}\Omega$、$R_U=1\text{M}\Omega$、$R_I=10\Omega$ 和测试误差，讨论两种测试方法的优劣。

3.5.2　二极管伏安特性曲线的研究

【实验目的】

通过对二极管伏安特性的测试，掌握锗二极管和硅二极管的非线性特点，从而为以后正确设计、使用这些器件打下基础。

【实验仪器】

DH6102 型电学元件伏安特性实验仪。

【实验原理】

对二极管施加正向偏置电压时，二极管中就有正向电流通过（多数载流子导电）。随着正向偏置电压的增加，开始时，电流随电压变化很缓慢，而当正向偏置电压增至接近二极管导通电压（锗管为 0.2V 左右，硅管为 0.7V 左右）时，电流急剧增加。二极管导通后，电压的少许变化会引起电流的很大变化。

对二极管施加反向偏置电压时，它处于截止状态，其反向电压增加至击穿电压时，电流猛增，二极管被击穿。在二极管使用中应竭力避免出现击穿现象，这很容易造成二极管的永久性损坏。所以在测试二极管反向特性时，应串入限流电阻，以防因反向电流过大而损坏二极管。

二极管伏安特性示意图如图 3.23 和图 3.24 所示。

【实验内容】

（1）二极管反向特性测试电路如图 3.25 所示。二极管的反向电阻很大，采用电流表内接测试电路可以减少测量误差，变阻器设置为 700Ω。

（2）二极管正向特性测试电路如图 3.26 所示。二极管正向导通时，呈现的电阻值较小，拟采用电流表外接测试电路。电源电压在 0～10V 内调节，变阻器开始设置为 700Ω，调节电源电压，以得到所需电流值。

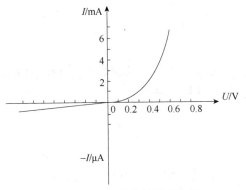

图 3.23　锗二极管伏安特性示意图　　　　图 3.24　硅二极管伏安特性示意图

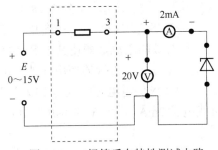

图 3.25　二极管反向特性测试电路

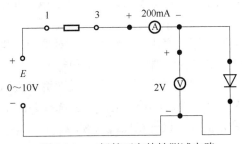

图 3.26　二极管正向特性测试电路

【数据处理】

将实验测得的数据填入表 3.8 和表 3.9。

表 3.8　反向伏安曲线测试数据表

U/V							
I/μA							
$R_{直算值}$/kΩ							

表 3.9　正向伏安曲线测试数据表

I/mA							
U/V							
$R_{直算值}$/kΩ							
$R_{修正值}$/Ω							

注：1. $R_{修正值}$ 按电流表外接修正公式［式（3.16）］计算所得。

2. 实验时二极管正向电流不得超过 20mA。

 思考题

（1）二极管反向电阻和正向电阻差异如此大，其物理原理是什么？

（2）考虑到二极管正向特性严重非线性，电阻值变化范围很大，在表 3.9 中加了

"$R_{修正值}$"栏，与电阻直算值 $R_{直算值}$比较，讨论其误差产生过程。

3.5.3　稳压二极管反向伏安特性测试实验

【实验目的】

通过稳压二极管反向伏安特性非线性的强烈反差，进一步掌握电子元件伏安特性的测试技巧；通过本实验，掌握二端式稳压二极管的使用方法。

【实验仪器】

DH6102 型电学元件伏安特性实验仪。

【实验原理】

2CW56 属硅半导体稳压二极管，其正向伏安特性类似于 IN4007 型二极管，其反向特性变化很大。当 2CW56 两端电压反向偏置，其电阻很大，反向电流极小，据有关二极管稳压管的相关参数，其值≤0.5μA。随着反向偏置电压的进一步增加，到 7～8.8V 时，出现了反向击穿（有意掺杂而成），产生雪崩效应，其电流迅速增加。电压稍变化，将引起电流的巨大变化。在线路中，对雪崩产生的电流进行有效的限流，即使其电流有少许变化，二极管两端电压仍然是稳定的（变化很小）。这就是稳压二极管的使用基础，其应用电路如图 3.27 所示。如果二极管稳压值为 7～8.8V，则要求供电电源电压为 10V 左右。R 为限流电阻，2CW56 工作电流选择 8mA，考虑负载电流 2mA，通过 R 的电流为 10mA，计算 R 值（二极管稳压值取 8V）：

$$R = \frac{E - U_z}{I} = \frac{10 - 8}{0.01}(\Omega) = 200\Omega$$

式中，U_z 为稳压输出电压。

图 3.27 中，C 为电解电容，对稳压二极管产生的噪声进行平滑滤波。

【实验内容】

（1）2CW56 反向偏置电压为 0～7V 时阻抗很大，拟采用电流表内接测试电路；反向偏置电压进入击穿段，稳压二极管内阻较小（估计为 $R = \frac{8}{0.08}$ kΩ＝100kΩ），这时拟采用电流表外接测试电路。结合图 3.27，测试电路如图 3.28 所示。

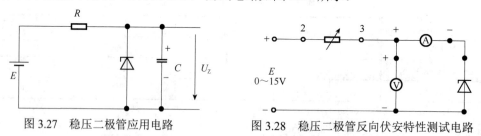

图 3.27　稳压二极管应用电路　　　　图 3.28　稳压二极管反向伏安特性测试电路

（2）电源电压调至零，按图 3.28 接线，开始按电流表内接法，将电压表"＋"端接于电流表"＋"端；将变阻器旋到 1100Ω 后，慢慢地增加电源电压，记下电压表显示的数据。

当观察到电流开始增加，并有迅速加快表现时，说明 2CW56 已开始进入反向击穿过程，这时将电流表改为外接式（电压表"＋"端由接电流表"＋"端改接电流表"－"端），慢慢地将电源电压增加至 10V。为了继续增加 2CW56 的工作电流，可以逐步地减小变阻器电阻，为了得到整数电流值，可以微调电源电压。

【数据处理】

将实验测得的数据填入表 3.10。

表 3.10　2CW56 硅稳压二极管反向伏安特性测试数据表

电流表接法		数据							
内接式	U/V								
	I/μA								
外接式	I/mA								
	U/V								

将上述数据在坐标纸上作出 2CW56 伏安特性曲线，参考图 3.29，也可利用计算机作图。

 思考题

（1）在测试二极管反向伏安特性时，为什么会分两段分别采用电流表内接电路和外接电路？

（2）稳压二极管限流电阻值如何确定？（提示：根据要求的稳压二极管动态内阻确定工作电流，由工作电流再计算限流电阻的大小。）

（3）选择工作电流为 8mA，供电电压为 10V 时，限流电阻是多少？供电电压为 12V 时，限流电阻又是多少？

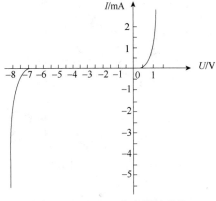

图 3.29　2CW56 伏安特性曲线

3.5.4　钨丝灯伏安特性实验

【实验目的】

通过本实验了解钨丝灯电阻随施加电压增加而增加的特性，并了解钨丝灯的使用方法。

【实验仪器】

DH6102 型电学元件伏安特性实验仪。

【实验原理】

实验仪所用灯泡中钨丝和家用白炽灯泡中钨丝属同一种材料，但丝的粗细和长短不同，就做成了不同规格的灯泡。

本实验仪所用钨丝灯泡规格为 12V、0.1A。只要控制好两端电压，使用就是安全的，金属钨的电阻温度系数为 $4.8 \times 10^4 \mathrm{℃}^{-1}$，系正温度系数。当灯泡两端施加电压后，钨丝上就有电流流过，产生功耗，灯丝温度上升，导致灯泡电阻增加。灯泡不加电压时的电阻称为冷态电阻。施加额定电压时测得的电阻称为热态电阻。由于正温度系数的关系，

冷态电阻小于热态电阻。在一定的电流范围内，电压和电流的关系为

$$U=KI^n \tag{3.17}$$

式中，U 为灯泡两端电压，V；I 为灯泡流过的电流，A；K 为与灯泡有关的常数；n 为与灯泡有关的常数。

常数 K 和 n 可以通过二次测量所得 U_1、I_1 和 U_2、I_2 得到。

$$U_1=KI_1^n \tag{3.18}$$

$$U_2=KI_2^n \tag{3.19}$$

将式（3.18）除以式（3.19）可得

$$n=\frac{\lg \dfrac{U_1}{U_2}}{\lg \dfrac{I_1}{I_2}} \tag{3.20}$$

将求得的 n 值代入式（3.18）可得

$$K=U_1I_1^{-n} \tag{3.21}$$

【实验内容】

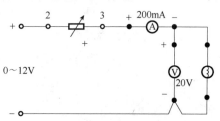

图 3.30　钨丝灯泡伏安特性测试电路

灯泡电阻在端电压 0～12V 时，为几欧姆至 100 多欧姆，电压表在 20V 挡时内阻为 3MΩ，远大于灯泡电阻，而电流表在 200mA 挡时内阻为 100Ω，和灯泡电阻相差不多，宜采用电流表外接法测量，电路图如图 3.30 所示。变阻器置 100Ω，逐步增加电源电压，记下相应的电流表数据。

【数据处理】

将实验测得的数据填入表 3.11。

表 3.11　钨丝灯泡伏安特性测试数据表

灯泡电压/V							
灯泡电流/mA							
灯泡电阻计算值/Ω							

由实验数据在坐标纸上画出钨丝灯泡的伏安特性曲线，并将电阻直算值也标注在坐标图上。

选择两对数据（如 $U_1=2$V，$U_2=8$V 及相应的 I_1、I_2），按式（3.20）和式（3.21）计算出 K、n 两系数值。由此写出式（3.17），并进行多点验证。

 思考题

（1）试从钨丝灯泡的伏安特性曲线解释为什么在开灯的时候容易烧坏灯泡。

（2）在电子振荡器电路中，经常利用正温度系数的灯泡作为稳定振荡器电压的自动调节元件，参考电路如图 3.31 所示，试由钨丝灯伏安特性说明该振荡器的稳幅原理。

3.6　电表的改装与校准

电表在电测量中得到广泛的应用，因此了解电表的使用方法显得十分重要。指针式电流计是用来测量微小电流的，它是非数字式测量仪器的一个基本组成部分。我们用它来改装毫安表、电压表和欧姆表。

【实验目的】

（1）掌握将微安表改装成毫安表、电压表和欧姆表的原理和方法。

（2）学会测量微安表的内阻。

（3）掌握校准毫安表、电压表和欧姆表的方法。

【实验仪器】

TKDG-2 电表改装与校准实验仪，连接导线。

【实验原理】

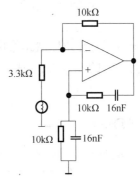

图 3.31　钨丝灯稳幅的 1kHz 振荡电路

1. 微安表头内阻的测量

在电表改装或扩大量程时需知道微安表的内阻 R_g 和最大量程 I_g，I_g 可在微安表头的表盘上看出，微安表的内阻 R_g 需要测出。本实验采用半偏法来测量 R_g。电路如图 3.32 所示。

图 3.32　微安表头内阻测量电路

将电阻箱 R_0 调为零，调节电源电压 E，使微安表指针满偏。保持电源电压不变，调节电阻箱 R_0 使微安表指针半偏，则

$$I_g \cdot R_g = I_g \cdot (R_g + R_0) / 2$$

所以

$$R_g = R_0$$

2. 微安表改装成毫安表

微安表只能测量微小的电流，如果想用微安表测量超过其量程的电流，就必须扩大其量程。扩大量程的方法是在微安表的两端并联一个分流电阻 R_s，如图 3.33 所示，使超过量程部分的电流从分流电阻上通过。图中微安表和 R_s 组成改装后的电流表，改装表电流的量程取决于 R_s 的阻值。设改装表电流的量程为 I，根据欧姆定律得

$$(I - I_g) R_s = I_g R_g$$

$$R_s = \frac{I_g}{I - I_g} R_g \qquad （3.22）$$

若令 $n = \dfrac{I}{I_g}$，表示改装后量程扩大倍数，则分流电阻为

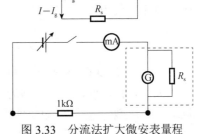

图 3.33　分流法扩大微安表量程

$$R_s = \frac{1}{n-1} R_g \qquad （3.23）$$

可见，要使微安表电流量程扩大 n 倍，只要在该表两端并联一个阻值为 $\dfrac{R_g}{n-1}$ 的分流电阻 R_s 即可。

3. 微安表改装成伏特表

内阻为 R_g 的微安表头，当通过电流 I_g 时，表头两端电压降为 $U_g = I_g R_g$。可见，微安表也可以测量电压。但因微安表的满偏电压很小，若用它来测量较大的电压，必须在微安表上串联分压电阻 R_P，如图 3.34 所示，使超过该表量程的那部分电压降在 R_P 上。选用不同阻值的 R_P，就装成不同量程的电压表。设改装成的电压表量程为 U，由图 3.34 可见

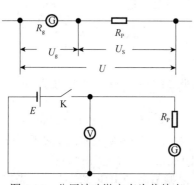

$$U = I_g(R_g + R_P)$$
$$R_P = \frac{U}{I_g} - R_g \tag{3.24}$$

这就是计算分压电阻的常用公式。将式（3.24）稍微改变，得

$$R_P = \frac{UR_g}{I_g R_g} - R_g = \left(\frac{U}{U_g} - 1\right)R_g$$

令 $n = \dfrac{U}{U_g}$，表示改装后电压量程扩大倍数，则有

$$R_P = (n-1)R_g \tag{3.25}$$

图 3.34　分压法改微安表为伏特表

如果知道微安表内阻和电压量程扩大倍数，可由式（3.25）计算出 R_P。

4. 微安表改装成欧姆表

欧姆表是用来测量电阻大小的电表，将微安表改装成欧姆表的电路如图 3.35 所示。微安表的内阻 R_g，E 为内接电源（1 号电池），它与固定电阻 R_H 和可调电阻 R_0 及微安表串联，R_x 为被测电阻。当 $R_x = 0$ 时，调节 R_0，使微安表的指针偏转到满刻度。这时电路中的电流 I_g 为

$$I_g = \frac{U}{R_g + R_H + R_0} \tag{3.26}$$

即欧姆表的零点在电表的满刻度处，正好与电流表及电压表相反。当接入待测电阻 R_x 时，电路中的电流为

$$I = \frac{U}{R_g + R_H + R_0 + R_x} \tag{3.27}$$

电池端电压 U 保持不变，待测电阻 R_x 和电流 I 有一一对应的关系，就是说，接入不同的 R_x，表头的指针就指出不同的偏转读数。如果表头的刻度盘预先按已知电阻刻线，就可以直接用于测量电阻。因为待测电阻 R_x 越大，电流 I 就越小，当 $R_x = \infty$ 时（相当于 a、b 开路），$I = 0$，即表头的指针在零位。所以，欧姆表的刻度盘为反向刻度，且刻

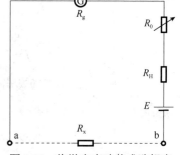

图 3.35　将微安表改装成欧姆表

度是不均匀的，电阻 R_x 越大，刻度间隔越小。当 $R_x = R_g + R_H + R_0$ 时，$I = I_g/2$，此时 R_x 称为中值电阻。电表指针在中间刻度，即为欧姆表的内阻值。

欧姆表在使用过程中电池的端电压会变化，故 $R_0 + R_H$ 也要跟着改变，以满足调零的要求。为防止 R_0 只用一只电位器调得过小而烧坏电表，用固定电阻 R_H 来限制电流。

【实验内容】

（1）测量微安表头内阻，参考测量值 $R_g = 1050\Omega$。

（2）将 $100\mu A$ 的表头改装成量程为 $2mA$ 的电流表。

（3）将 $100\mu A$ 的表头改装成量程为 $2V$ 的电压表。

（4）将 $100\mu A$ 的表头改装成欧姆表，中值电阻（半偏）11000Ω，$R_x = 0$，满偏。

【数据处理】

将实验测得的数据填入表 3.12 和表 3.13。

表 3.12　微安表改装毫安表测试数据

微安表读数/μA	10	20	30	40	50	60	70	80	90	100
标准毫安表读数/mA										

表 3.13　微安表改装电压表测试数据

微安表读数/μA	10	20	30	40	50	60	70	80	90	100
微安表电压读数/V										
标准电压表读数/V										

微安表改装欧姆表的数据表格参考表 3.14。

表 3.14　微安表改装欧姆表（参考数据）

微安表读数/μA	10	15	20	25	30	35	40
电阻/Ω	99000	62000	43000	32000	25000	20000	16200
微安表读数/μA	45	50	60	70	80	90	100
电阻/Ω	13200	11000	7200	4700	2700	1200	0

微安表改装毫安表校准曲线如图 3.36 所示。微安表改装欧姆表校准曲线如图 3.37 所示。

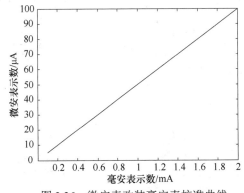

图 3.36　微安表改装毫安表校准曲线

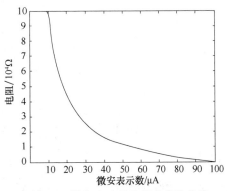

图 3.37　微安表改装欧姆表校准曲线

（1）校准电流表时，如果发现改装表的读数相对于标准表的读数偏高，试问要达到标准表的数值，此时改装表的分流电阻应调大还是调小？为什么？

（2）校准电压表时，如果发现改装表的读数相对于标准表的读数偏低，试问要达到标准表的数值，此时改装表的分压电阻应调大还是调小？为什么？

（3）欧姆表的刻度是怎样标定的？有什么特点？改装欧姆表的原理是什么？中值电阻是什么？

3.7　半导体热敏电阻特性的研究

【实验目的】

（1）研究热敏电阻的温度特性。

（2）进一步掌握惠斯通电桥的原理和应用。

（3）学会用回归法处理实验数据。

【实验仪器】

BR-2 型半导体热敏电阻测试仪（图 3.38）、ZX36 电阻箱、温度计、电热杯、热敏电阻。

【实验原理】

半导体材料做成的热敏电阻是对温度变化非常敏感的电阻元件，它能测量出温度的微小变化，并且体积小，工作稳定，结构简单。因此，它在测温技术、无线电技术、自动化和遥控等方面都有广泛的应用。

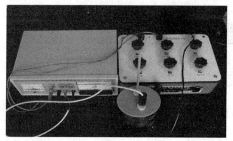

图 3.38　实验仪器

半导体热敏电阻的基本特性是它的温度特性，而这种特性又是与半导体材料的导电机制密切相关的。由于半导体中的载流子数目随温度升高而按指数规律迅速增加，而载流子的数目越多，导电能力越强，电阻也就越小，因此热敏电阻随着温度的升高，它的电阻将按指数规律迅速减小。

实验表明，在一定温度范围内，半导体材料的电阻 R_T 和绝对温度 T 的关系可表示为

$$R_T = a e^{\frac{b}{T}} \tag{3.28}$$

式中，常数 a 与半导体材料的性质及它的尺寸均有关系，而常数 b 仅与材料的性质有关。常数 a、b 可通过实验方法测得。例如，在温度 T_1 时测得其电阻为 R_{T_1}：

$$R_{T_1} = a e^{\frac{b}{T_1}} \tag{3.29}$$

在温度 T_2 时测得其阻值为 R_{T_2}：

$$R_{T_2} = a e^{\frac{b}{T_2}} \tag{3.30}$$

将以上两式相除，消去 a 得

$$\frac{R_{T_1}}{R_{T_2}} = e^{b\left(\frac{1}{T_1} - \frac{1}{T_2}\right)}$$

再对上式两边取对数，有

$$b = \frac{\ln R_{T_1} - \ln R_{T_2}}{\left(\dfrac{1}{T_1} - \dfrac{1}{T_2}\right)} \tag{3.31}$$

把由此得出的 b 代入式（3.29）或式（3.30）中，又可算出常数 a，由这种方法确定的常数 a 和 b 误差较大。为了减少误差，常利用多个 T 和 R_T 的组合测量值，通过作图的方法（或用回归法最好）来确定常数 a、b。对式（3.28）两边取对数，变换成直线方程：

$$\ln R_T = \ln a + \frac{b}{T} \tag{3.32}$$

或写作

$$Y = A + BX$$

其中，$Y = \ln R_T$，$A = \ln a$，$B = b$，$X = \dfrac{1}{T}$，然后取 X、Y 分别为横、纵坐标，对不同的温度 T 测得对应的 R_T 值，经过变换后作 X-Y 曲线，它应当是一条截距为 A、斜率为 B 的直线。根据斜率求出 b，又由截距可求出 $a = e^A$。

确定了半导体材料的常数 a 和 b 后，便可计算出这种材料的激活能（$E = bK$，其中 K 为玻耳兹曼常数）及它的电阻温度系数。

$$\alpha = \frac{1}{R_T} \frac{\mathrm{d}R_T}{\mathrm{d}T} = -\frac{b}{T^2} \times 100\% \tag{3.33}$$

显然，半导体热敏电阻的温度系数是负的，并与温度有关。

热敏电阻在不同温度时的电阻值，可用惠斯通电桥测得。如图 3.39 所示，图中标准电阻 R_1、R_2、R 及待测电阻 R_T 构成了电桥的四臂，当接通 K_1、K_2 时，检流计中有电流通过。在温度 T 时，调节电阻 R，检流计中无电流流过，这时电桥达到平衡，电桥平衡时有 $\dfrac{R_1}{R} = \dfrac{R_2}{R_T}$。因此，$R_T = \dfrac{R_2}{R_1} R$，当 $R_1 = R_2$ 时，$R_T = R$。改变温度，分别测出对应的电阻，即可得到热敏电阻的温度特性曲线，如图 3.40 所示。

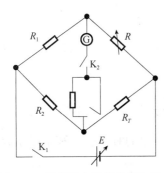

图 3.39　惠斯通电桥测热敏电阻

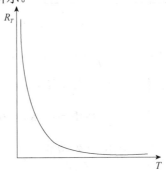

图 3.40　热敏电阻的温度特性曲线

【实验内容】

用电桥法测量半导体热敏电阻的温度特性。BR-2 型半导体热敏电阻测试仪面板如图 3.41 所示。实验原理图如图 3.42 所示。

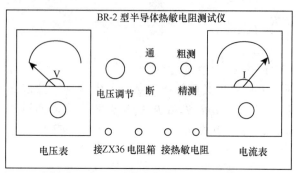

图 3.41　BR-2 型半导体热敏电阻测试仪面板　　　　图 3.42　实验原理图

（1）将实验装置接好电路，安装好仪器。将测量的精测转换开关和粗测转换开关置于"粗测"位置，将通和断开关置于"断"位置。将电压调到最小。

（2）在容器内加入水，开启电源开关，在电热丝中通电，对水加热，使水温逐渐上升，温度由汞温度计读出。电阻箱的阻值先放在 2kΩ 位置。电压调到 5～6V。将通和断开关置于"通"位置，调节电阻箱使检流计基本指向零。再将测量的精测转换开关和粗测转换开关置于"精测"位置，调节电阻箱使检流计不偏转。记下此时温度和电阻箱的阻值。

（3）测试的温度从 20℃ 开始，每增加 5℃，测量一次，直到 100℃ 为止。

（4）实验完毕，停止加热，关闭电源，将通和断开关置于"断"位置，将测量的精测转换开关和粗测转换开关置于"粗测"位置。

（5）由于加热时温度上升较快，所以做实验时，可以先加热到 100℃，然后每降 5℃ 测量一次。

【数据处理】

（1）把实验测量数据填入表 3.15。

表 3.15　实验结果

R_T/Ω							
$t/℃$							

（2）作 R_T-T 曲线（$T=273+t$）。

（3）作 $\ln R_T$-$\dfrac{1}{T}$ 直线，求此直线的斜率 B 和截距 A，由此算出常数 a 和 b，最好用回归法代替作图法求常数 a 和 b。

$$A=\ln a=4.85,\quad B=b=\frac{6.34-4.91}{3.05-2.72}\times10^3=4.333\times10^3$$

（4）根据求得的 a、b 值，计算出半导体热敏电阻的激活能 E 和温度系数 α。热敏电阻材料的激活能

$$E=bK=4.333\times10^3 K\ (K\text{ 为玻耳兹曼常数})$$

电阻温度系数

$$\alpha = \frac{1}{R_T}\frac{\mathrm{d}R_T}{\mathrm{d}T} = -\frac{b}{T^2}\times 100\% = -\frac{4.333\times 10^3}{T^2}$$

 思考题

（1）热敏电阻的温度特性是什么？

（2）热敏电阻在不同温度下的电阻值是利用什么原理测量的？

3.8　交变磁场的测量

【实验目的】

（1）了解感应法测量磁场的原理。

（2）研究载流圆线圈轴向磁场的分布，加深对毕奥-沙伐尔定律的理解。

（3）研究亥姆霍兹线圈轴向和径向磁场分布，描绘磁场均匀区。

（4）研究探测线圈平面法线与载流圆线圈或亥姆霍兹线圈的轴线成不同夹角时感应电动势的变化规律。

【实验仪器】

FB511 交变磁场测试仪、亥姆霍兹线圈、探测线圈。

【实验原理】

1. 载流圆线圈和亥姆霍兹线圈轴线上磁场的分布

根据毕奥-沙伐尔定律，载流圆线圈轴线上任一点 P（图 3.43）的磁感应强度为

$$B = \frac{\mu_0 N_0 I}{2R}\left(1+\frac{X^2}{R^2}\right)^{-\frac{3}{2}} \tag{3.34}$$

式中，I 为圆线圈中的电流强度；R 为线圈的半径；X 为 P 点至圆心的距离；N_0 为线圈的匝数；μ_0 为真空磁导率（$\mu_0 = 4\pi\times 10^{-7}$）。

B-X 曲线如图 3.44 所示。

显然，在圆心处（$X=0$）的磁感应强度为 $B_0 = \dfrac{\mu_0 I N_0}{2R}$，所以

$$\frac{B}{B_0} = \left[1+\left(\frac{X}{R}\right)^2\right]^{-\frac{3}{2}} \tag{3.35}$$

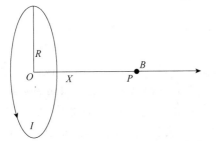

图 3.43　载流圆线圈轴线上任一点 P 的磁感应强度

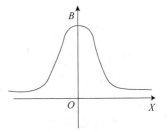

图 3.44　B-X 曲线

2. 磁场的测量

测量磁场的方法有多种，本实验采用感应法（图 3.45），当线圈中输入交变电流时，其周围空间必定有变化的磁场，可利用探测线圈置于交变磁场中所产生的感应电动势来量度磁场的大小。当线圈内通以正弦交变电流时，在空间形成一个正弦交变的磁场，磁感应强度为

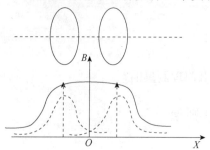

图 3.45　亥姆霍兹线圈（两个圆线圈磁场的叠加）的轴向磁场分布

$$B = B_{m}\sin\omega t$$

设探测线圈为平面线圈，面积为 S，匝数为 N，其法线与磁感应强度之间的夹角为 θ，则通过该线圈的磁通量为

$$\phi = NSB\cos\theta = NSB_{m}\cos\theta\sin\omega t \tag{3.36}$$

根据电磁感应定律 $\varepsilon = -\dfrac{\mathrm{d}\phi}{\mathrm{d}t}$ 得

$$\varepsilon = -NSB_{m}\omega\cos\theta\cos\omega t = -\varepsilon_{m}\cos\omega t$$

式中，$\varepsilon_{m} = NSB_{m}\omega\cos\theta$ 为感应电动势的峰值。

在探测线圈两端接入交流毫伏表，测出感应电压（读数为有效值），它与峰值 ε_{m} 的关系为

$$U_{m} = \frac{\varepsilon_{m}}{\sqrt{2}} = \frac{NS\omega}{\sqrt{2}}B_{m}\cos\theta \tag{3.37}$$

当 $\theta = 0$ 时，即探测线圈的法线方向与磁感应强度 B 的方向一致时，感应电动势为最大值。

$$U_{\max} = \frac{\varepsilon_{\max}}{\sqrt{2}} = \frac{NS\omega}{\sqrt{2}}B_{m}$$

所以

$$B_{m} = \frac{\sqrt{2}}{NS\omega}U_{\max}$$

本实验中，$N = 800$，$S = \dfrac{13}{108}\pi D^{2}$，$D = 0.012\mathrm{m}$，$\omega = 100\pi/\mathrm{s}$，则

$$B_{m} = 0.103U_{\max}\times10^{-3}(\mathrm{T}) \tag{3.38}$$

【实验内容】

（1）测量单个载流线圈轴线上磁场分布。本实验所用仪器是 FB511 交变磁场测试仪（图 3.46），它由两圆线圈（亥姆霍兹线圈）、工作平台、探测线圈、音频振荡器、交流毫安表和交流毫伏表等构成，两线圈垂直嵌放在工作平台上，彼此平行，轴线相互重合，平台上的 X 轴线对准线圈的中心轴线。探测线圈，是一只带刻度圆盘底座的小线圈，可分别沿径向和轴向移动。把励磁线圈 1 与测试仪输出端相接，接通开关，调节输出功率，使励磁电流达到适当的数值（实验室给出），测量过程中保持恒定，

调节频率为 50Hz,使探测线圈与感应信号输入端相接,细心旋转探测线圈,使感应电压读数为最大值,把探测线圈置于 $X=$10mm、20mm、30mm、…、120mm 各处,分别测出感应电压,计算出相应的 B_m,作 B_m-X 的分布曲线。

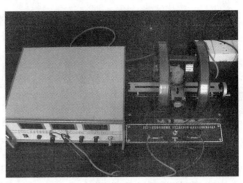

图 3.46　FB511 交变磁场测试仪

（2）测量亥姆霍兹线圈轴线上磁场分布。将靠近探测线圈的两接线柱用一根线短接,将励磁线圈 1 左接线柱和励磁线圈 2 右接线柱与测试仪输出端相接。这时两线圈串联,形成亥姆霍兹线圈。仿照前面方法,测量并描绘亥姆霍兹线圈轴线上磁场分布。

（3）测量亥姆霍兹线圈径向磁场分布。

（4）探测线圈不同角度时的感应电压。

【数据处理】

将实验所得的数据填入表 3.16~表 3.19。描绘亥姆霍兹线圈轴线上磁场分布及径向磁场分布。作 B_m-X 的分布曲线。

表 3.16　数据记录（1）

X/mm	−10	−20	−30	−40	−50	−60	−70	−80	−90	−100	−110	−120
U_{max}/mV												
B_m/T												

表 3.17　数据记录（2）

X/mm	−120	−100	−80	−60	−40	−20	0	20	40	60	80	100	120
U_{max}/mV													
B_m/T													

表 3.18　数据记录（3）

X/mm	−50	−40	−30	−20	−10	0	10	20	30	40	50
U_{max}/mV											
B_m/T											

表 3.19　数据记录（4）

角度	10°	20°	30°	40°	50°	60°	70°	80°	90°
U_m/mV									

 思考题

（1）探测线圈处于什么状态时感应电动势最大?

（2）探测线圈平面法线与载流圆线圈或亥姆霍兹线圈的轴线成不同夹角时感应电动势的变化规律是什么？

3.9　霍尔效应实验

【实验目的】

（1）霍尔效应原理及霍尔元件有关参数的含义和作用。

（2）测绘霍尔元件的 U_H-I_S，U_H-I_M 曲线，了解霍尔电势差 U_H 与霍尔元件工作电流 I_S、磁感应强度 B 及励磁电流 I_M 之间的关系。

（3）学习用对称交换测量法消除副效应产生的系统误差。

【实验仪器】

DH4512 型霍尔效应实验仪和测试仪一套。

【实验原理】

霍尔效应（Hall effect）是导电材料中的电流与磁场相互作用而产生电动势的效应。1879 年美国霍普金斯大学研究生霍尔在研究金属导电机理时发现了这种电磁现象，故称霍尔效应。后来曾有人利用霍尔效应制成测量磁场的磁传感器，但因金属的霍尔效应太弱而未能得到实际应用。随着半导体材料和制造工艺的发展，人们又利用半导体材料制成霍尔元件，由于它的霍尔效应显著而得到实用和发展，现在广泛用于非电量的测量、电动控制、电磁测量和计算装置方面，也是半导体材料电学参数测量的重要手段。在电流体中的霍尔效应也是目前在研究中的"磁流体发电"的理论基础。1980 年德国物理学家 Klaus 在研究低温和强磁场下半导体材料的霍尔效应时发现了量子霍尔效应，并因此而获得了 1985 年诺贝尔物理学奖。

霍尔效应从本质上讲，是运动的带电粒子在磁场中受洛仑兹力 f_L 的作用而引起的偏转，如图 3.47 所示。当带电粒子（电子或空穴）被约束在固体材料中，这种偏转就导致在垂直电流和磁场的方向上产生正、负电荷在不同侧的聚积，从而形成附加的横向电场。与此同时，运动的电子还受到两种积累的异种电荷形成的反向电场力 f_E 的作用。随着电荷积累的增加，f_E 增大，当两力大小相等（方向相反）时，即 $f_L = -f_E$，电子积累便达到动态平衡。这时在两侧面之间建立的电场称为霍尔电场 E_H，相应的电势差称为霍尔电势差 V_H。设电子按平均速度 $\bar{v}$ 运动，所受洛仑兹力为

$$f_L = -e\bar{v}B$$

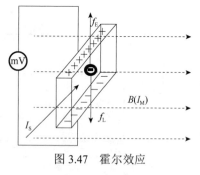

图 3.47　霍尔效应

同时，电场作用于电子的力为

$$f_E = -eE_H = eU_H/l$$

式中，E_H 为霍尔电场强度；U_H 为霍尔电势；l 为霍尔元件宽度。当达到动态平衡时有

$$f_L = -f_E，\quad \bar{v}B = U_H/l$$

设霍尔元件的宽度为 l，厚度为 d，载流子浓度为 n，则霍尔元件的工作电流为

$$I_S = ne\overline{v}ld$$

由上两式可得

$$U_H = \overline{v}B = \frac{1}{ne}\frac{I_S B}{d} = R_H \frac{I_S B}{d} \tag{3.39}$$

即霍尔电势 U_H 与 I_S、B 的乘积成正比。比例系数 $R_H = 1/(ne)$ 称为霍尔系数，它是反映材料霍尔效应强弱的重要参数。

测量霍尔电势 U_H 时，不可避免地会产生一些副效应，由此而产生的附加电势叠加在霍尔电势上，形成测量系统误差，本实验采用对称测量法消除该误差。

【实验内容】

（1）测绘 $I_M = 0.5A$ 时的 U_H-I_S 曲线。

（2）测绘 $I_S = 3mA$ 时的 U_H-I_M 曲线。

（3）将测量数据绘制成 U_H-I_S 和 U_H-I_M 曲线。

注意：

（1）测试仪和实验仪必须正确连接才能打开电源。

（2）实验前应将霍尔元件传感器盒移至线圈中心，使其在 I_M、I_S 相同时，达到输出 U_H 最大。

（3）为了不使通电线圈过热而受到损害，或影响测量精度，除在短时间内读取有关数据，通过励磁电流 I_M 外，其余时间最好断开励磁电流开关。

（4）打开电源和关闭电源前都必须将 I_S 和 I_M 开关逆时针旋到底。

【数据处理】

将实验测得的数据填入表 3.20 和表 3.21。

表 3.20　测绘 $I_M = 0.5A$ 时的 U_H-I_S 曲线所得数据

I_S/mA	U_1	U_2	U_3	U_4	$U_H = (U_1 + U_2 + U_3 + U_4)/4$
	$+I_S, +I_M$	$+I_S, -I_M$	$-I_S, -I_M$	$-I_S, +I_M$	
2.00					
2.50					
3.00					
3.50					
4.00					
4.50					

表 3.21　测绘 $I_S = 3mA$ 时的 U_H-I_M 曲线所得数据

I_M/A	U_1	U_2	U_3	U_4	$U_H = (U_1 + U_2 + U_3 + U_4)/4$
	$+I_S, +I_M$	$+I_S, -I_M$	$-I_S, -I_M$	$-I_S, +I_M$	
0.1					
0.2					
0.3					
0.4					
0.5					

 **思考题**

U_H 与 I_S 和 U_H 与 I_M 是否呈线性关系？是否与理论符合？

3.10　电子示波器的原理与使用

电学量测量是现代生产和科学研究中应用很广泛的一种实验方法和技术。除用一些常用仪器测量电学量外，对非电学量的测量也是很重要的实用技术。本实验学习使用的阴极射线（电子射线）示波器，简称示波器，不但可以直接观察电学量——电压的波形，并测定电压信号的幅度和频率等，而且可以对一切可以转化为电压的电学量（如电流、电功率、阻抗等）、非电学量（如温度、位移、速度、压力、光强、磁场、频率等）以及它们随时间的变化过程进行观测，是一种用途广泛的现代观测工具。

【实验目的】

（1）了解通用示波器的结构和工作原理。

（2）初步掌握通用示波器各个旋钮的作用和使用方法。

（3）学会利用示波器观察电信号的波形，测量电压、频率和相位。

【实验仪器】

通用示波器、音频信号发生器、数字频率计、晶体管毫伏计。

【实验原理】

1．示波器的构造和工作原理

最简单的示波器应包括以下五个部分（图 3.48）：示波管、扫描发生器、同步电路、水平轴与垂直轴放大器、电源供给部分。下面对前四部分加以简单说明。

1）示波管

示波管是示波器进行图形显示的核心部分，在一个抽成高真空的玻璃泡中，装有各种电极（图 3.49），按其功能可分为三部分。

（1）电子枪：用以产生定向运动的高速电子。电子枪包括以下三个电极。

阴极：这是一个罩在灯丝外面的小金属圆筒，其前端涂有氧化物，当灯丝中通入电流时，阴极受热而发射电子并形成电子流。

控制栅极：是前端开有小孔的金属圆筒，套在阴极外侧，电子可以从小孔中通过。在工作时栅极电势低于阴极，即调节栅极电势的高低可以控制到达荧光屏的电子流强度，使屏上光点的亮度（辉度）发生变化，此即辉度调节。

阳极：由开有小孔的圆筒组成，阳极电压（对阴极）约 1000V，可使电子流获得很高的速度，而且阳极区的不均匀电场还能将由栅极而来的散开的电子流聚焦成一窄细的电子束。改变阳极电压可以调节电子束的聚焦程度，即荧光屏上光点的大小，称为聚焦调节。

（2）偏转板。图 3.50 中的 x_1x_2、y_1y_2 为两对互相垂直的极板，x_1x_2 为水平偏转板，y_1y_2 为垂直偏转板。偏转板不加电压时，光点在荧光屏中央，如果 x_1x_2 加直流电压（设 x_2 电

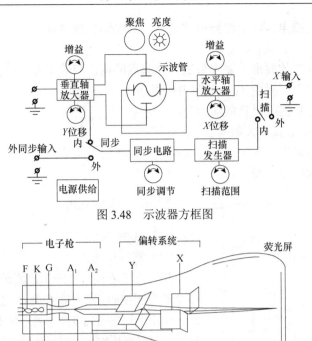

图 3.48　示波器方框图

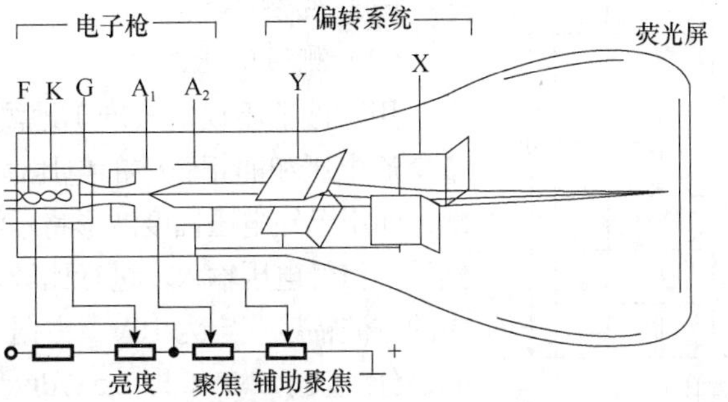

图 3.49　示波管结构图

F. 灯丝；K. 阴极；G. 控制栅极；A$_1$. 第一阳极；A$_2$. 第二阳极；Y. 垂直偏转板；X. 水平偏转板

势高于 x_1），则电子束穿过 x_1x_2 时向右偏转，屏上光点向右移动，当 y_1y_2 加直流电压（设 y_2 电势高于 y_1）时，电子束穿过 y_1y_2 时向上偏转，屏上光点向上移动，光点移动的距离和所加的电压成正比。当偏转板上加交变电压时，电子束穿过时将上下（或左右）摆动，屏上光点则出现振动。由于屏上荧光余辉和人眼的视觉残留，当振动较快时会看到屏上出现一亮线，亮线的长度和交变电压的峰峰值成正比。

（3）荧光屏。

2）扫描发生器

在示波器的水平偏转板上，加上和时间成正比变化的锯齿形电压信号（图 3.50）。开始 x_1、x_2 间电压为 $-E$，屏上光点被推到最左侧，以后 x_1、x_2 间的电压匀速增加，屏上光点沿垂直轴振动的同时，匀速向右移动，留下了亮的图线——一个亮点的径迹。当 x_1、x_2 间的电压达最大值 $+E$ 时，亮点移到最右侧，与此同时 x_1、x_2 间电压迅速降到 $-E$，又将亮点移到最左侧，再重复上述过程。

将加到垂直偏转板上的电压信号在屏上展开成为函数曲线图形的过程称为扫描，所加的

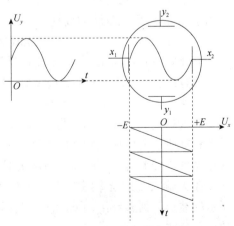

图 3.50　波形的扫描和形成

锯齿形电压称为扫描电压。示波器由扫描发生器提供扫描电压。

3）同步电路

为了观察到稳定的波形，要求每次扫描起点的相位应等于前次扫描终点的相位，或简单讲，要求扫描电压周期 T_X 为被测电压周期 T_Y 的 n 倍（$n=1$，2，3，…），同步电路就是为了实现以上目的而设计的。

4）水平轴与垂直轴放大器

为了观察电压幅度不同的电信号波形，示波器内设有放大器和衰减器，可对观察的小信号放大，对大信号衰减。

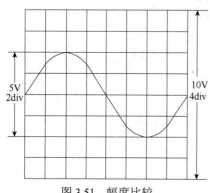

图 3.51　幅度比较

2. 示波器的应用

（1）观察波形。

（2）测量电压。

用示波器不仅能较准确地测量直流电压，还能测量交流电压和非正弦波的电压。它采用比较测量的方法，即用已知电压幅度波形将示波器的垂直方向分度，然后将信号电压输入，进行比较，如图 3.51 所示。图中的方波幅度假定为 10V，占据了 4 个分度（div），因此每分度表示 2.5V，即 2.5V/div。如果被测的正弦波的峰峰值（$U_{p\text{-}p}$）为 2.0div，则峰峰电压 $U_{p\text{-}p}$=5.0V，所以其有效值按公式（$U=\dfrac{0.71\times U_{p\text{-}p}}{2}$）就可计算出来。如果将待测信号衰减至 $\dfrac{1}{10}$，显然 $U_{p\text{-}p}$ 值只有 0.5V，测量精度降低了，如果放大至 10 倍就不可能测量到它的峰峰值。如果被测信号较大，衰减至 1/10 后，显示的波形还占了 3 个分度（div），则被测信号的峰峰值为

$$U_{p\text{-}p}=2.5\text{V/div}\times10\times3.0\text{div}=75\text{V} \tag{3.40}$$

（3）测量频率或周期。

用示波器测量频率或周期，必须知道水平轴的扫描速率，即水平方向每分度相当于多少秒或者微秒。假定图 3.51 所示的水平轴的扫描速率为 10ms/div，则方波的周期 2.0div 相当于 20ms，而正弦波的周期为

$$4.0\text{div}\times10\text{ms/div}=40\text{ms}$$

因此频率 f=1/40ms=25Hz 就可计算出来。

注意： 当显示波形的个数较多时，周期可通过测量 n 个周期的时间除以 n 来计算，以保证周期有较高的精度。

因为稳定的标准频率容易得到，示波器判别合成的波形（利萨如图形）非常直观、灵敏和准确，所以测定频率时都要用到它，在复杂信号的频谱分析中也要用到它。测量线路如图 3.52 所示，图中待测频率 f_Y 接在 Y 输入端，已知频率 f_X 的信号作为标准正弦信号接在 X 输入端，"X 轴衰减"可拨在"1"或"10"或"100"位置，如果出现如图 3.53 所示的波形，则 $f_Y=nf_X$，从利萨如图形在 X 轴和 Y 轴上的切点数，可知比值 f_Y/f_X，一般的计算公式为

$$\frac{f_Y}{f_X}=\frac{\text{与}X\text{轴切点数}}{\text{与}Y\text{轴切点数}}$$

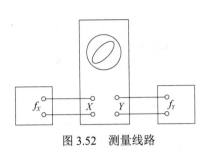

图 3.52　测量线路

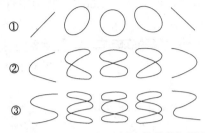

图 3.53　几种相位和频比的利萨如图形

注意：由于两种信号的频率不会非常稳定和严格相等，因此得到的利萨如图形不很稳定，经常会出现上下左右来回地或定向滚动的现象。

（4）测量两个正弦信号的相位差。根据利萨如图形可以计算出相位差，如图 3.54 所示。令

$$Y=a\sin\omega t \qquad (3.41)$$
$$X=b\sin(\omega t+\varphi) \qquad (3.42)$$

则 Y 与 X 的相位差为 φ。假定波形在 X 轴上的截距为 $2X_0$，则对 X 轴上的 P 点，$Y=a\sin\omega t=0$，因而 $\omega t=0$，所以 $X_0=b\sin(\omega t+\varphi)=b\sin\varphi$。则

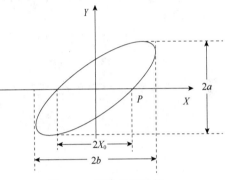

图 3.54　相位差的计算

$$\varphi=\arcsin\frac{X_0}{b} \quad \text{和} \quad \pi-\arcsin\frac{X_0}{b} \qquad (3.43)$$

（5）具有固定相位差的两个正弦波的产生和测量。图 3.55 所示电路中 U_R 和 U 的相位差理论值为

$$\varphi=\arctan\frac{L\omega-\dfrac{1}{C\omega}}{R} \qquad (3.44)$$

图 3.56 中相位差的计算方法为

$$\varphi=\frac{2\pi n\Delta t}{nT} \qquad (3.45)$$

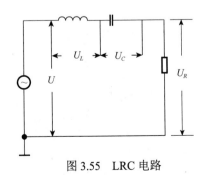

图 3.55　LRC 电路

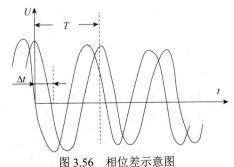

图 3.56　相位差示意图

【实验内容】

（1）观察波形。调节音频信号发生器的输出幅度，用（晶体管）毫伏表测量它的幅度有效值，使它等于 1.00V，然后用示波器观察它的波形。

（2）用"比较信号"功能对 Y 轴分度，记下示波器使用的灵敏度 S（V/div），然后测量上述波形的峰峰值，将其换算为有效值，与 1.00V 比较是否符合。

（3）用"扫描速率"功能测量上述波形的周期，然后换算为频率，试与频率计的读数进行比较。

（4）用利萨如图形测量上述波形的频率。

（5）用利萨如图形测量移相器的相位差。

移相器的内部电路如图 3.57 所示，调节可变电阻 R_2 可改变 U_{OA} 与 U_{OD} 的相位差 φ，但是不改变 U_{OA} 与 U_{OD} 的幅度大小。当 $R_2=0$ 时，U_{OA} 与 U_{OD} 相差 180°；当 R_2 足够大时，$U_{OA}=U_{OD}$，即 D 点顺时针转到 A 点，U_{OA} 与 U_{OD} 相位相同，因此 φ 可取由 0 到近 180° 范围。

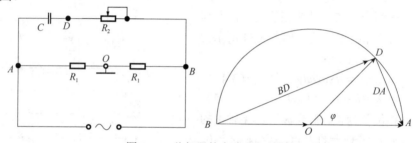

图 3.57　移相器的电路和矢量图

将示波器接地端与移相器 O 点相连；Y 输入端和 X 输入端分别与 A 点和 D 点相连，适当调节 Y 和 X 的增益和衰减旋钮，就可看到稳定的利萨如图形。根据式（3.43）计算三个不同的相位差。

（6）用示波器同时观察图 3.55 所示电路中的 U_R 和 U，并利用图 3.56 和式（3.45）计算相位差 φ，并与由式（3.44）得到的理论计算值进行比较。

【数据处理】

自行设计数据记录表并进行数据处理。

 思考题

（1）最简单的示波器包括哪几部分？

（2）扫描发生器的输出波形是什么形状？为什么？如果用 50Hz 的交流信号作为扫描波，那么正弦电压信号在示波管荧光屏上将显示怎样的波形？

（3）同步电路的作用是什么？"内"和"外"同步的作用是什么？

（4）示波器的水平轴和垂直轴设有放大器，为何还要设衰减器？

（5）示波器的主要功能是什么？

（6）观察波形的主要步骤是什么？

（7）怎样用示波器测量待测信号的峰峰值？

（8）怎样用示波器测量振荡波形的周期？

3.11 铁磁材料的磁滞回线和基本磁化曲线的测量

【实验目的】

（1）认识铁磁物质的磁化规律，比较两种典型的铁磁物质的动态磁化特性。

（2）测绘样品的基本磁化曲线，作 μ-H 曲线。

（3）测绘样品的磁滞回线，估算其磁滞损耗。

【实验仪器】

DH4516 磁滞回线实验仪。

【实验原理】

1. 铁磁材料的磁滞回线

铁磁物质是一种性能特异、用途广泛的材料。铁、钴、镍及其众多合金以及含铁的氧化物（铁氧体）均属铁磁物质。其特征是在外磁场作用下能被强烈磁化，故磁导率 μ 很高。另一特征是磁滞，即磁化作用停止后，铁磁物质仍保留磁化状态，图 3.58 所示为铁磁物质的磁感应强度 B 与磁化场强度 H 之间的关系曲线。图中的原点 O 表示磁化之前铁磁物质处于磁中性状态，即 $B=H=0$，当磁场 H 从 0 开

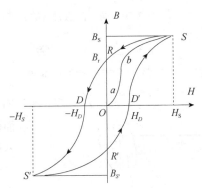

图 3.58 铁磁物质的磁感应强度 B 与磁化场强度 H 之间的关系曲线

始增加时，磁感应强度 B 随之缓慢上升，如线段 Oa 所示，继而 B 随 H 迅速增长，如线段 ab 所示，其后 B 的增长又趋缓慢，并当 H 增至 H_S 时，B 到达饱和值 B_S，$OabS$ 称为起始磁化曲线。图 3.58 表明，当磁场从 H_S 逐渐减小至 0，磁感应强度 B 并不沿起始磁化曲线恢复到 O 点，而是沿另一条新的曲线 SR 下降，比较线段 OS 和 SR 可知，H 减小，B 相应也减小，但 B 的变化滞后于 H 的变化，这个现象称为磁滞。磁滞的明显特征是当 $H=0$ 时，B 不为 0，而保留剩磁 B_r。

当磁场反向从 0 逐渐变至 $-H_D$ 时，磁感应强度 B 消失，说明要消除剩磁，必须施加反向磁场，H_D 称为矫顽力，它的大小反映铁磁材料保持剩磁状态的能力，线段 RD 称为退磁曲线。

图 3.58 还表明，当磁场按 $H_S \rightarrow 0 \rightarrow -H_D \rightarrow -H_S \rightarrow 0 \rightarrow H_D \rightarrow H_S$ 次序变化，相应的磁感应强度 B 则沿闭合曲线 $SRDS'R'D'S$ 变化，这个闭合曲线称为磁滞回线。所以，当铁磁材料处于交变磁场中时（如变压器中的铁心），将沿磁滞回线反复被磁化→去磁→反向磁化→反向去磁。在此过程中要消耗额外的能量，并以热的形式从铁磁材料中释放，这种损耗称为磁滞损耗。可以证明，磁滞损耗与磁滞回线所围面积成正比。

应该说明，当初始态为 $H=B=0$ 的铁磁材料，在交变磁场中由弱到强依次进行磁化，可以得到面积由小到大向外扩张的一簇磁滞回线，如图 3.59 所示，这些磁滞回线顶点的连线称为铁磁材料的基本磁化曲线，由此可近似确定其磁导率 $\mu=\dfrac{B}{H}$，因 B 与 H 非线性，

故铁磁材料的 μ 不是常数，而是随 H 而变化的（图 3.60）。铁磁材料的相对磁导率可达数千乃至数万，这一特点是它用途广泛的主要原因之一。

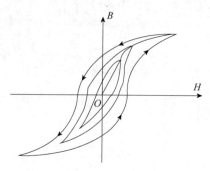

图 3.59　同一铁磁材料的磁滞回线

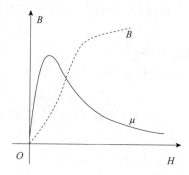

图 3.60　铁磁材料 μ 与 H 关系曲线

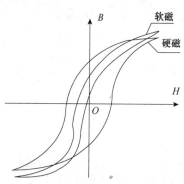

图 3.61　不同铁磁材料的磁滞回线

可以说磁化曲线和磁滞回线是铁磁材料分类和选用的主要依据。图 3.61 为常见的两种典型的磁滞回线，其中软磁材料的磁滞回线狭长，矫顽力、剩磁和磁滞损耗均较小，是制造变压器、电机和交流磁铁的主要材料；而硬磁材料的磁滞回线较宽，矫顽力大，剩磁强，可用来制造永磁体。

2. 观察和测量

测定磁滞回线和基本磁化曲线的实验电路如图 3.62 所示。被测样品为 EI 型硅钢片，N 为励磁绕组，n 为用来测量磁感应强度 B 而设置的绕组，R_1 为励磁电流取样电阻，设通过 N 的交流励磁电流为 i，根据安培环路定律，样品的磁化场强 $H = \dfrac{Ni}{L}$，其中 L 为样品的平均磁路。

因为 $i = \dfrac{U_1}{R_1}$，所以

$$H = \frac{N}{LR_1} \cdot U_1 \tag{3.46}$$

式中，N、L、R_1 均为已知常数，所以由 U_1 可确定 H。

在交变磁场下，样品的磁感应强度瞬时值 B 是测量绕组 n 和 R_2C_2 电路给定的，根据法拉第电磁感应定律，由于样品中的磁通 ϕ 的变化，在测量线圈中产生的感生电动势的大小为

$$\phi = \frac{1}{n} \int \varepsilon_2 \mathrm{d}t$$

$$B = \frac{\phi}{S} = \frac{1}{nS} \int \varepsilon_2 \mathrm{d}t \tag{3.47}$$

式中，S 为样品的截面面积。

如果忽略自感电动势和电路损耗，则回路方程为

$$\varepsilon_2 = i_2 R_2 + U_2$$

式中，i_2 为感生电流；U_2 为积分电容 C_2 两端电压。设在 Δt 时间内，i_2 向电容 C_2 的充电

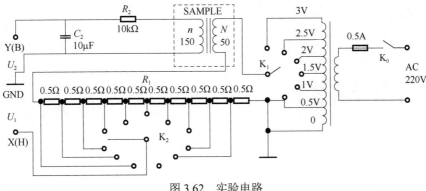

图 3.62　实验电路

电量为 Q，则

$$U_2 = \frac{Q}{C_2}$$

$$\varepsilon_2 = i_2 R_2 + \frac{Q}{C_2}$$

如果选取足够大的 R_2 和 C_2，使 $i_2 R_2 \gg \dfrac{Q}{C_2}$，则 $\varepsilon_2 = i_2 R_2$。

因为 $i_2 = \dfrac{\mathrm{d}Q}{\mathrm{d}t} = C_2 \dfrac{\mathrm{d}U_2}{\mathrm{d}t}$，所以

$$\varepsilon_2 = C_2 R_2 \frac{\mathrm{d}U_2}{\mathrm{d}t} \tag{3.48}$$

由式（3.47）和式（3.48）可得

$$B = \frac{C_2 R_2}{nS} U_2$$

式中，C_2、R_2、n 和 S 均为已知常数。所以由 U_2 可确定 B。

综上所述，将图 3.62 中的 U_1 和 U_2 分别加到示波器的 "X 输入" 端和 "Y 输入" 端，便可观察样品的 *B-H* 曲线；如将 U_1 和 U_2 加到测试仪的信号输入端，可测定样品的饱和磁感应强度 B_S、剩磁 B_r、矫顽力 H_D、磁滞损耗及磁导率 μ 等参数。

【实验内容】

（1）连接电路。选择样品 1 按实验仪上所给的电路图连接线路，并令 $R_1 = 2.5\Omega$，"U 选择" 旋钮置于 0 位。U_H 和 U_B（即 U_1 和 U_2）分别接示波器的 "X 输入" 端和 "Y 输入" 端，插孔 "⊥" 为公共端。

（2）样品退磁。开启实验仪电源，对试样进行退磁，即顺时针方向转动 "U 选择" 旋钮，令 U 从 0 增至 3V，然后逆时针方向转动旋钮，将 U 从最大值降为 0，其目的是消除剩磁，确保样品处于磁中性状态，即 $B = H = 0$，如图 3.63 所示。

（3）观察磁滞回线。开启示波器电源，令光点位于坐标网格中心，令 $U = 2.2V$，并分别调节示波器 X 轴和 Y 轴的灵敏度，使显示屏上出现图形大小合适的磁滞回线（若图形顶部出现编织状的小环，如图 3.64 所示，则可降低励磁电压 U 予以消除）。

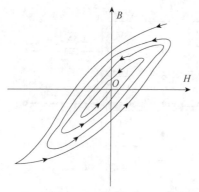

图 3.63　退磁曲线

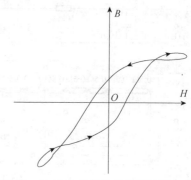

图 3.64　U_2 和 B 的相位差等因素引起的畸变

（4）观察基本磁化曲线。按步骤（2）对样品进行退磁，从 $U=0$ 开始，逐挡提高励磁电压，将在显示屏上得到面积由小到大一个套一个的一簇磁滞回线。这些磁滞回线顶点的连线就是样品的基本磁化曲线，借助长余辉示波器，便可观察到该曲线的轨迹。

（5）观察、比较样品 1 和样品 2 的磁化性能。

（6）测绘 μ-H 曲线。仔细阅读测试仪的使用说明，将实验仪和测试仪用导线连接。开启电源，对样品进行退磁后，依次测定 $U=0.5\text{V}$，1.0V，…，3.0V 时的十组 H 和 B 值，作 μ-H 曲线。

（7）令 $U=3.0\text{V}$，$R_1=2.5\Omega$，测定样品 1 的磁滞回线的多个 U_H 和 U_B 参数，计算 H 和 B 的值。

（8）取步骤（7）中的 H 和其相应的 B 值，用坐标纸绘制 B-H 曲线（如何取数？取多少组数据？自行考虑），并估算曲线所围面积。

【数据处理】

将实验测得的数据填入表 3.22 和表 3.23。

$N_1=$＿＿＿＿＿＿，$N_2=$＿＿＿＿＿＿，$L=$＿＿＿＿＿＿，$R_1=$＿＿＿＿＿＿，$C_2=$＿＿＿＿＿＿，$R_2=$＿＿＿＿＿＿，$S=$＿＿＿＿＿＿。

表 3.22　基本磁化曲线与 μ-H 曲线

U/V	U_H	U_B	$H/(10^4\text{A/m})$	$B/(10^2\text{T})$	$\mu/(\text{H/m})$
0.5					
1.0					
1.2					
1.5					
1.8					
2.0					
2.2					
2.5					
2.8					
3.0					

注：$\mu=B/H$。

表 3.23　磁滞回线 *B-H* 曲线测量

序号	U_H	U_B	$H/(10^4\text{A/m})$	$B/(10^2\text{T})$
1				
2				
3				
4				
5				
6				
7				
8				
9				

 思考题

（1）换一种实验样品进行上述实验，有什么样的结果？

（2）为什么每次进行完一次测量都要进行退磁处理？

（3）实验中发现，若使用电压越高，进行一次退磁后的剩磁会越多，这与什么现象有关？

3.12　*RC* 串联电路的暂态过程

电阻 *R* 和电容 *C* 是电子电路中的基本元件。*RC* 电路在电子技术中的应用相当广泛。研究 *RC* 电路的充放电规律有多种方法，本实验用冲击电流计测绘其充放电过程曲线，并用示波器观察方波作用于电路时的充放电过程。

【实验目的】

（1）设计研究 *RC* 串联电路充放电规律的电路图。

（2）拟定实验方法测量 *RC* 电路充放电时的 U_C-*t* 曲线。

（3）测量 *RC* 串联电路的半衰期，并根据已知的电阻值计算电路中电容 *C* 的电容值。

（4）用示波器观察 *RC* 电路的暂态过程。

【实验仪器】

各种规格电阻、电容的 *RC* 电路板，PZ92 型数字电压表（内阻为 10MΩ），直流稳压电源，示波器，滑线变阻器，秒表，开关等。

【实验原理】

1. *RC* 串联电路的充电过程

如图 3.65 所示，在 *RC* 串联电路中，当开关 K 拨向 1 时，电源通过电阻 *R* 向电容 *C* 充电，此时电容器两端电压满足如下关系

$$U_C(t) = E(1 - e^{-t/RC}) \tag{3.49}$$

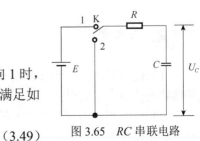

图 3.65　*RC* 串联电路

上式表明，$U_C(t)$ 按指数规律上升，上升的快慢取决于参量 RC。令 $\tau = RC$，称为时间常数，它的大小表示暂态过程的快慢。

2. RC 串联电路的放电过程

当电路稳定时，把开关 K 拨向 2，此时电容 C 通过 R 放电。放电过程中电容两端电压满足如下关系

$$U_C(t) = E\mathrm{e}^{-\frac{t}{RC}} \tag{3.50}$$

上式表明，$U_C(t)$ 按指数规律下降。

3. 半衰期

半衰期是反映暂态过程快慢的又一个参量，即在放电过程中 $U_C(t)$ 下降到初始值的一半所需的时间，一般用 $T_{\frac{1}{2}}$ 表示由式（3.50）知 $\dfrac{E}{2} = E\mathrm{e}^{-\frac{T_{\frac{1}{2}}}{\tau}}$，可导出半衰期

$$T_{\frac{1}{2}} = \tau \ln 2$$

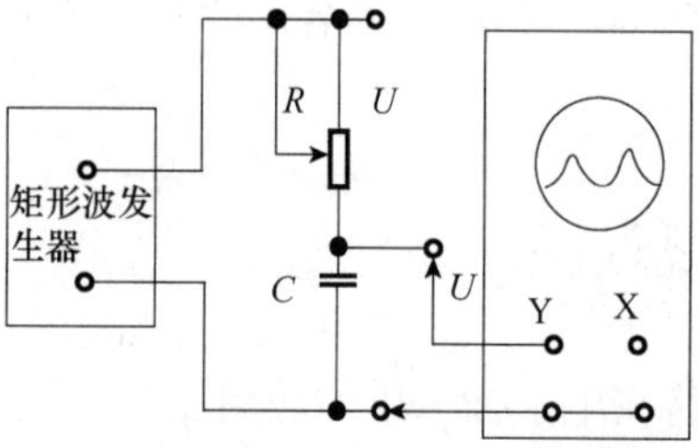

图 3.66　用示波器观察 RC 充放电电路

【实验内容】

（1）测定电容的充电曲线。

（2）测定电容的放电曲线。

（3）用示波器观察方波作用下 RC 电路上的波形。

按图 3.66 接好电路，将示波器调整至正常状态。将方波电压加至 RC 电路上，将示波器 Y 轴输入线接至电容两端，观察此时电容两端电压波形的变化。再将 Y 轴输入线改接至 R 两端，可观察 R 上的电压波形，也就是 RC 回路的电流波形。

通过改变 R 阻值来改变 RC 电路的时间常数 τ，观察不同 τ 值时电容中电压波形的变化。

注意：应分清电容正、负极，充电时，不能将电源正、负极接反，不能超过其耐压范围。

【数据处理】

（1）根据实验内容列出相应的数据表格，并记录测得的数据。

（2）绘出电容充放电曲线图。

（3）测出半衰期并计算电容值。

（4）简单描绘由示波器观察的 RC 电路方波作用下的波形。

思考题

（1）能否用冲击电流计测量未知电容器的电容？如能，试画出测量电容的电路图，并推导出计算电容的公式。

（2）将一周期为 T 的方波加至 RC 电路上，欲使电阻上的电压波形仍为方波，电路参数应如何选取？

3.13　静电场的描绘

【实验目的】

（1）学习用模拟法描绘和研究静电场分布的概念和方法。

（2）测绘等电位线，根据等电位线画出电力线，加深对电场强度和电位概念的理解及静电场分布规律的认识。

【实验仪器】

DZ-IV 型静电场描绘实验仪一套等。

【实验原理】

静电场是由电荷分布决定的，确定静电场的分布，对于研究带电粒子与带电体之间的相互作用是非常重要的。理论上讲，如果知道了电荷的分布，就可以确定静电场的分布。在给定条件下，确定系统静电场分布的方法一般有解析法、数值计算法和实验法。在科学研究和生产实践中，随着静电应用、静电防护和静电现象等研究的深入，常常需要了解一些形状比较复杂的带电体或电极周围静电场的分布，而使用理论方法（解析法和数值计算法）无法得到。然而，对于静电场来说，要直接进行探测也是比较困难的。其一，静电场中无电流，一般的磁电式仪表不起作用，只能用静电式仪表进行测量，而静电式仪表不仅结构复杂，而且灵敏度较低；其二，仪表本身是由导体或电介质制成的，一旦放入静电场中，将会引起原静电场的显著改变。

由电磁学理论可知，在一定条件下导电质中的稳恒电流场与电介质中的静电场具有相似性。在电流场的无源区域中，电流密度矢量 j 满足

$$\oiint j \times \mathrm{d}s = 0 , \quad \oint j \times \mathrm{d}l = 0$$

在静电场的无源区域中，电场强度矢量 E 满足

$$\oiint E \times \mathrm{d}s = 0 , \quad \oint E \times \mathrm{d}l = 0$$

可以看出，在相似的场源分布和相似的边界条件下，电流场中的电流密度矢量 j 和静电场中的电场强度矢量 E 服从相同的数学规律，因此可用稳恒电流场来模拟静电场进行测量。这种实验方法称为模拟法。电场既可以用电场强度 E 来描述，又可以用电势 U 来描述。由于标量的测量和计算比矢量简便，因此人们更愿意用电势来描述电场。为了模拟静电场，需要满足下面三个条件：

（1）电极系统与导体几何形状相同或相似。

（2）导电质与电介质分布规律相同或相似。

（3）电极的电导率远大于导电质的电导率，以保证电极表面为等势面。

我们以无限长同轴柱状导体间的电场为例来讨论。一般模拟用的电流场应该是三维的，即导电质应充满整个模拟空间。但由于无限长均匀带电圆柱体周围的电场分布具有柱对称性，它的电力线垂直于柱体，因此只要用其中一个薄层来测量电位的平面分布就可以。

如图 3.67 所示，设真空静电场中柱状导体 A 的半径为 r_1，电势为 U_1；柱面导体 B 的内径为 r_2，且 B 接地。导体单位长度带电 $\pm\eta$。

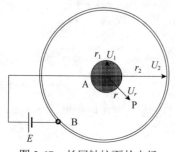

图 3.67　长同轴柱面的电场

根据高斯定理，在导体 A、B 之间与中心轴距离为 r 的任意一点 P 的电场强度大小为

$$E = \frac{\eta}{2\pi\varepsilon_0 r} \tag{3.51}$$

电势为

$$U_r = \int_r^{r_2} E \cdot \mathrm{d}r = \frac{\eta}{2\pi\varepsilon_0} \ln \frac{r_2}{r} \tag{3.52}$$

导体 A 的电势可表示为

$$U_1 = \frac{\eta}{2\pi\varepsilon_0} \ln \frac{r_2}{r_1} \tag{3.53}$$

于是有

$$U_r = U_1 \frac{\ln \dfrac{r_2}{r}}{\ln \dfrac{r_2}{r_1}} \tag{3.54}$$

将 A、B 间充以电阻率为 ρ、厚度为 b 的均匀导电质，不改变其几何条件及 A、B 的电位，则在 A、B 之间将形成稳恒电流场。设距场中心点的距离为 r 处的电势为 U'，在 r 处宽度为 $\mathrm{d}r$ 的导电质环的电阻为

$$\mathrm{d}R = \rho \frac{\mathrm{d}r}{S} = \rho \frac{\mathrm{d}r}{2\pi r b} \tag{3.55}$$

从 r 到 r_2 的导电质的电阻为

$$R_r = \int_r^{r_2} \mathrm{d}R = \frac{\rho}{2\pi b} \ln \frac{r_2}{r} \tag{3.56}$$

电极 A、B 间导电质的总电阻为

$$R = \int_{r_1}^{r_2} \mathrm{d}R = \frac{\rho}{2\pi b} \ln \frac{r_2}{r_1} \tag{3.57}$$

由于 A、B 间为稳恒电流场，则

$$\frac{U'}{U_1} = \frac{R_r}{R}$$

即

$$U' = U_1 \frac{\ln \dfrac{r_2}{r}}{\ln \dfrac{r_2}{r_1}} \tag{3.58}$$

比较式（3.54）和式（3.58）可知，电流场中的电势分布与静电场中完全相同，可以用稳恒电流场模拟静电场。

【实验内容】

（1）描绘同轴柱状电容器的恒定电流场的电位分布。

本实验装置如图 3.68 所示，A 和 B 分别为电容器的内电极和外电极，将模型放入水深位置相同（约 5mm）的自来水中，在水中将产生电流场，电流场中有许多电位相等的点，将这些点描绘成的面就是等势面。

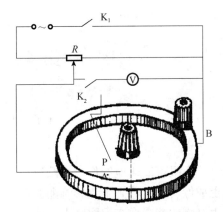

图 3.68　同轴柱形电容器的恒定
电流场的电位分布实验电路

检测电流中各等电位点时，为排除电压表的引入使电流场分布发生畸变的因素，测量支路不能从电流场中取出电流，因此必须使用高内阻电压表或平衡电桥法进行测量。图 3.68 所示的电路是用高内阻电压表测量电压的。探针下端 P 与水接触，A 和 B 分别与电源的正极和负极相连接，用探针下端 P 在 B 和 A 两极间的水上进行测量。若在导电纸上距 A 极一定距离寻找的都是 3V 的等电位点，用等臂法标上记号，然后将它们连接起来，就得到 3V 的等电位线。同理，可描绘出其他电位的等电位线。实验时，在装置的描绘台面上固定好白纸，先用探针定出圆心位置，按下探针上端的描绘针，白纸上就定出了圆心的位置。接通电源，电压调至 10V，然后在内柱和外环之间测 1V、3V、5V、7V 的等电位线，每条等电位线均匀测 8 个点。测绘时沿径向移动，能较快确定测绘点的数值，测绘点若能分布在 4 条直径上更好。

在等电位线图上再画出电力线分布图，作图时应在图中标出正、负电荷，画出电力线方向。电力线应与等电位线正交，电力线的疏密应反映电场强度的大小。

（2）用同样的测量方法，测量两点电荷的电场分布。

【数据处理】

自行设计数据记录表并进行数据处理。

注意：

（1）一条等电位线上相邻两个记录点的距离约 1cm 为宜，曲线急转弯或两条曲线靠近处，记录应取得密一些，否则连线时会遇到困难。

（2）各点水深度应处处相同，否则导电液不能视为均匀的不良导体薄层，模拟场和静电场的分布不会相同。

（3）由于水槽边界处水中的电流只能沿边界流过，边上的等电位线必然与边界垂直，等电位线和电力线的分布严重失真，故边沿处的图线不必画出。

（4）在确定圆心位置及测绘等电位线时，描绘针及探针杆臂应与拟设的水平轴线平行。若描绘针与探针的杆臂方向不一致，则描绘针与探针的移动轨迹就不一一对应。

思考题

（1）如果电极和导电质之间某些地方接触不良，会出现什么现象？为什么？

（2）用电流场模拟静电场的条件是什么？

（3）如果增大电源电压，等电位线和电力线的形状是否发生改变？

（4）若测量的电场产生畸变，试分析其原因。

第4章 光 学 实 验

4.1 眼镜片度数的测定

人眼可简化地看作一个凸透镜，进入人眼的光线经晶状体（眼珠）折射后在视网膜上成像，人便看到了色彩绚丽的世界。在观察远处的物体时睫状肌松弛，眼珠的焦距变大，物体能成像在视网膜上；观察近处的物体时睫状肌收缩，眼珠的焦距变小，物体还是成像在视网膜上。当人的年龄增大时，肌肉的收缩变得困难，近处的物体无法成像在视网膜上，从而无法看清近处的物体，成了老花眼，这时需要配一副凸透镜的眼镜（远视眼镜），增加人眼的聚焦能力使它成像在视网膜上。相反，长时间看近距离的物体会使睫状肌过度疲劳，无法放松，远处的物体不能成像在视网膜上，从而不能看清远处的物体，变成近视眼，这时需要配一副凹透镜的眼镜（近视眼镜），使远处的像在较近的地方成虚像，然后人眼再将它成像在视网膜上。为了配一副合适的眼镜，需要准确地测量眼镜片（透镜）的度数。

通常我们所说的眼镜的度数是描述眼镜（透镜）折光强度的，数值等于焦距（以米为单位）的倒数乘以100。焦距是薄透镜的光心（通过透镜光心的光线经过透镜时不发生偏折）到其焦点的距离，是薄透镜的重要参数之一。物体通过薄透镜而成像的位置及性质（大小、虚实）均与其有关。焦距测量得是否准确主要取决于光心及焦点（或物的位置、像的位置）定位是否准确。本实验要求用多种方法测量薄透镜的焦距，求得透镜的度数（屈光度），并比较各种方法的优缺点。

【实验目的】

（1）学会调节光学系统的共轴。

（光学系统：包含实验所用的所有光学器件，如光源、物屏、透镜、像屏等。光学系统共轴：所有光学器件几何中心共线且该线与光具座平行。）

（2）掌握薄透镜（眼镜片）焦距的常用测量方法。

【实验仪器】

光具座、光源、物屏、像屏、凸透镜、凹透镜等。

【实验原理】

1. 近轴情况下薄透镜成像公式（既适合凸透镜，也适合凹透镜）

$$\frac{1}{p'} - \frac{1}{p} = \frac{1}{f'} \tag{4.1}$$

式中，p'为像距（透镜光心到像的距离）；p为物距（透镜光心到物的距离）；f'为像方焦距（透镜光心到像方焦点的距离），无论是像距、物距还是焦距，都要从透镜的光心量起，量取的方向如果与光线传播方向相同，其值为正，否则为负（如果是凹透镜，f'为负值），如图 4.1 所示。

2. 二次成像法——贝塞尔法（只适合凸透镜）

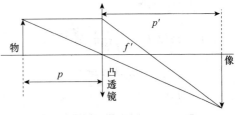

图 4.1　凸透镜成像原理图

若保持物屏与像屏之间的距离 D 不变，且 $D>4f'$，沿光轴方向移动透镜，可以在像屏上观察到二次成像。一次成放大的倒立实像，一次成缩小的倒立实像，如图 4.2 所示。在二次成像时透镜移动的距离为 d，则不难得到透镜的焦距为

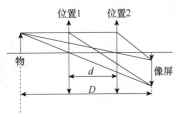

图 4.2　凸透镜二次成像原理图

$$f'=\frac{D^2-d^2}{4D} \tag{4.2}$$

【实验内容】

1. 调节光学系统的共轴

（1）粗调：将所有光学元件靠在一起目测大致共轴。

（2）精调：用二次成像法进行细调。若放大像和缩小像的中心都落在像屏的中心上，则光学系统达到了共轴。

若放大像的中心不在像屏中心，则调节透镜向上、下、左、右移动使之落在像屏的中心。

若缩小像的中心不在像屏中心，则调节像屏向上、下、左、右移动使之落在像屏的中心。

2. 分别用原理 1 和原理 2 测量凸透镜的焦距

1）原理 1

（1）固定物屏并记录其位置 $x_0=$＿＿＿＿＿cm。

（2）变换凸透镜位置，并记录每次凸透镜的位置和成像的位置（表 4.1）。该方法最终结果可取 3 位有效数字。

2）原理 2

（1）固定物屏并记录其位置 $x_0=$＿＿＿＿＿cm。

（2）变换像屏的位置，并记录每次像屏的位置和凸透镜的"位置 1"及"位置 2"（表 4.2）。

该方法最终结果可取 4 位有效数字。

3. 用辅助透镜法测凹透镜的焦距（图 4.3）

（1）先用辅助凸透镜使物体成一个缩小的实像，以此实像作为待测凹透镜的虚物（用来充当物体被成像的像），记录此虚物的位置 $x_0=$＿＿＿＿＿cm。

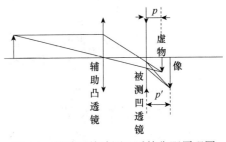

图 4.3　辅助透镜法测凹透镜焦距原理图

（2）在凸透镜与虚物之间放上被测凹透镜（每次略改变位置），然后移动像屏再次找到清晰的实像。记录每次凹透镜的位置和该实像的位置（表 4.3）。该方法最终结果可取 3 位有效数字。

【数据处理】

1. 原理 1 测量凸透镜焦距

$x_0 = \underline{\hspace{2cm}}$ cm。将实验测得的数据填入表 4.1。

表 4.1　凸透镜的位置和成像的位置

透镜位置 x_1/cm	像屏位置 x_2/cm	物距 $[p = -(x_1-x_0)]$/cm	像距 $[p'=(x_2-x_1)]$/cm	焦距 $\left(f = \dfrac{pp'}{p-p'}\right)$/cm

凸透镜焦距 $\overline{f} = \underline{\hspace{2cm}}$ cm。

不确定度评定:

$$f = \frac{pp'}{p-p'} = \frac{(x_0-x_1)(x_2-x_1)}{x_0-x_2}$$

由于 x_0、x_1、x_2 位置均为一次测量，所以对位置的不确定度有:

来源于钢尺的不确定度，$\Delta = 0.5\text{mm}$，$S_\text{A}(x) = \Delta/\sqrt{3} = 0.29\text{mm}$;

来源于目测位置的不确定度，估计为 $\sigma_\text{B}(x) = \Delta/\sqrt{3} = 0.29\text{mm}$; 则

$$\sigma(x) = \sqrt{S_\text{A}^2(x) + \sigma_\text{B}^2(x)} = 0.41\,(\text{mm})$$

则焦距的不确定度为

$$
\begin{aligned}
\sigma(f) &= \sqrt{\left(\frac{\partial f}{\partial x_0}\right)^2 \sigma^2(x_0) + \left(\frac{\partial f}{\partial x_1}\right)^2 \sigma^2(x_1) + \left(\frac{\partial f}{\partial x_2}\right)^2 \sigma^2(x_2)} \\
&= \sqrt{\left(\frac{x_2-x_1}{x_0-x_2}\right)^4 \sigma^2(x_0) + \left(\frac{2x_1-x_0-x_2}{x_0-x_2}\right)^2 \sigma^2(x_1) + \left(\frac{x_0-x_1}{x_0-x_2}\right)^4 \sigma^2(x_2)} \\
&= \sigma(x)\sqrt{\left(\frac{x_2-x_1}{x_0-x_2}\right)^4 + \left(\frac{2x_1-x_0-x_2}{x_0-x_2}\right)^2 + \left(\frac{x_0-x_1}{x_0-x_2}\right)^4} \\
&= \underline{\hspace{2cm}}\,(\text{mm})
\end{aligned}
$$

将每次测量数据代入，求出每次测量的焦距的不确定度，平均焦距 $\overline{f} = \dfrac{f_1+f_2+f_3+f_4+f_5}{5}$，总的不确定度为

$$\sigma(\overline{f}) = \sqrt{\frac{\sigma^2(f)}{5}} = 0.45, \quad \sigma(f) = \underline{\hspace{2cm}}\,(\text{mm})$$

所以焦距为

$$f = \overline{f} \pm \sigma(\overline{f}) = \underline{\qquad} (\text{mm})$$

2. 原理 2 测试凸透镜焦距

$x_0 = \underline{\qquad}$ cm。将实验测得的数据填入表 4.2。

表 4.2 像屏的位置和凸透镜的位置

像屏位置 x_1/ cm	物像间距 ($D = \lvert x_1 - x_0 \rvert$) /cm	位置 1 d_1/cm	位置 2 d_2/cm	位置 1 与位置 2 的间距 ($d = \lvert d_2 - d_1 \rvert$) /cm	凸透镜焦距 $\left(f = \dfrac{D^2 - d^2}{4D} \right)$/cm

凸透镜焦距 $\overline{f} = \underline{\qquad}$ cm。

不确定度评定：

$$f = \frac{D^2 - d^2}{4D} = \frac{(x_1 - x_0)^2 - (d_2 - d_1)^2}{4 \lvert x_1 - x_0 \rvert}$$

由于 x_0、x_1、d_1、d_2 位置均为一次测量，所以对位置的不确定度有：

来源于钢尺的不确定度，$\Delta = 0.5\text{mm}$，$S_A(x) = \Delta / \sqrt{3} = 0.29\text{mm}$；

来源于目测位置的不确定度，估计为 $\sigma_B(x) = \Delta / \sqrt{3} = 0.29\text{mm}$；则

$$\sigma(x) = \sqrt{S_A^2(x) + \sigma_B^2(x)} = 0.41 (\text{mm})$$

则焦距的不确定度为

$$
\begin{aligned}
\sigma(f) &= \sqrt{\left(\frac{\partial f}{\partial x_0}\right)^2 \sigma^2(x_0) + \left(\frac{\partial f}{\partial x_1}\right)^2 \sigma^2(x_1) + \left(\frac{\partial f}{\partial d_1}\right)^2 \sigma^2(d_1) + \left(\frac{\partial f}{\partial d_2}\right)^2 \sigma^2(d_2)} \\
&= \sqrt{\left(\frac{(x_1 - x_0)^2 + (d_2 - d_1)^2}{4(x_1 - x_0)^2}\right)^2 \sigma^2(x_0) \times 2 + \left(\frac{d_2 - d_1}{2(x_1 - x_0)}\right)^2 \sigma^2(d_1) \times 2} \\
&= \sqrt{2}\,\sigma(x) \sqrt{\left(\frac{(x_1 - x_0)^2 + (d_2 - d_1)^2}{4(x_1 - x_0)^2}\right)^2 + \left(\frac{d_2 - d_1}{2(x_1 - x_0)}\right)^2} \\
&= \underline{\qquad} (\text{mm})
\end{aligned}
$$

将每次测量数据代入求出每次测量的焦距的不确定度，平均焦距 $\overline{f} = \dfrac{f_1 + f_2 + f_3 + f_4 + f_5}{5}$，总的不确定度为

$$\sigma(\overline{f}) = \sqrt{\frac{\sigma^2(f)}{5}} = 0.45, \quad \sigma(f) = \underline{\qquad} (\text{mm})$$

所以焦距为

$$f = \bar{f} \pm \sigma(\bar{f}) = \underline{\qquad}(mm)$$

3. 辅助透镜法测量凹透镜焦距

$x_0 = \underline{\qquad}$ cm。将实验测得的数据填入表4.3。

表 4.3　凹透镜的位置和该实像的位置

凹透镜位置 x_1/ cm	像屏位置 x_2/ cm	虚物的物距 $[p = (x_0 - x_1)]$ /cm	像距 $[p' = (x_2 - x_1)]$ /cm	凹透镜焦距 $\left(f = \dfrac{pp'}{p - p'}\right)$/cm

凹透镜焦距 $\bar{f} = \underline{\qquad}$ cm。

不确定度评定：

$$f = \frac{pp'}{p - p'} = \frac{(x_0 - x_1)(x_2 - x_1)}{x_0 - x_2}$$

由于 x_0、x_1、x_2 位置均为一次测量，所以对位置的不确定度有：

来源于钢尺的不确定度，$\Delta = 0.5mm$，$S_A(x) = \Delta / \sqrt{3} = 0.29mm$；

来源于目测位置的不确定度，估计为 $\sigma_B(x) = \Delta / \sqrt{3} = 0.29mm$；则

$$\sigma(x) = \sqrt{S_A^2(x) + \sigma_B^2(x)} = 0.41(mm)$$

则焦距的不确定度为

$$\begin{aligned}
\sigma(f) &= \sqrt{\left(\frac{\partial f}{\partial x_0}\right)^2 \sigma^2(x_0) + \left(\frac{\partial f}{\partial x_1}\right)^2 \sigma^2(x_1) + \left(\frac{\partial f}{\partial x_2}\right)^2 \sigma^2(x_2)} \\
&= \sqrt{\left(\frac{x_2 - x_1}{x_0 - x_2}\right)^4 \sigma^2(x_0) + \left(\frac{2x_1 - x_0 - x_2}{x_0 - x_2}\right)^2 \sigma^2(x_1) + \left(\frac{x_0 - x_1}{x_0 - x_2}\right)^4 \sigma^2(x_2)} \\
&= \sigma^2(x) \sqrt{\left(\frac{x_2 - x_1}{x_0 - x_2}\right)^4 + \left(\frac{2x_1 - x_0 - x_2}{x_0 - x_2}\right)^2 + \left(\frac{x_0 - x_1}{x_0 - x_2}\right)^4} \\
&= \underline{\qquad}(mm)
\end{aligned}$$

将每次测量的数据代入，求出每次测量的焦距的不确定度，平均焦距 $\bar{f} = \dfrac{f_1 + f_2 + f_3 + f_4 + f_5}{5}$，总的不确定度为

$$\sigma(\bar{f}) = \sqrt{\frac{\sigma^2(f)}{5}} = 0.45, \quad \sigma(f) = \underline{\qquad}(mm)$$

所以焦距为

$$f=\overline{f}\pm\sigma(\overline{f})=\underline{\hspace{3cm}}\text{(mm)}$$

思考题

（1）为什么测量前必须调光学系统共轴？

（2）在被测透镜焦距未知的情况下，如何满足二次成像法的条件 $D>4f$？

4.2 用牛顿环干涉测定透镜曲率半径

牛顿环干涉是用分振幅法产生的等厚干涉现象。该实验既不需要很复杂的仪器，也不需要特殊的光源，在白光下即可看到清晰的干涉条纹，这一点与其他光学实验是截然不同的。在工厂常利用这一原理检验透镜的曲率半径，如果只看到极少的干涉条纹，说明产品合乎要求，反之若超过规定的条纹数即为不合格产品。用这样的方法检验产品既简便又能达到很高的准确度，其灵敏度可达光波波长的量级。

【实验目的】

（1）掌握用牛顿环测定透镜曲率半径的方法。

（2）通过实验加深对等厚干涉原理的理解。

【实验仪器】

牛顿环仪、钠灯、半透半反镜片（连支架）、读数显微镜等。

牛顿环仪由待测平凸透镜（凸面曲率半径为 $200\sim700$cm）L 和磨光的平玻璃板 P 叠合装在金属框架 F 中构成（图4.4）。框架边上有三个螺旋 H，用以调节 L 和 P 之间的接触，以改变干涉环纹的形状和位置。调节 H 时，螺旋不可旋得过紧，以免接触压力过大引起透镜弹性形变，甚至损坏透镜。

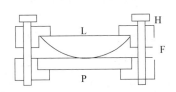 

图 4.4 牛顿环结构示意图

【实验原理】

当一曲率半径很大的平凸透镜的凸面与一磨光平玻璃板相接触时，在透镜的凸面与平玻璃板之间将形成一空气薄膜，离接触点等距离的地方，厚度相同。

如图 4.5 所示，若波长为 λ 的单色平行光投射到这种装置上，则由空气膜上下表面反射的光波将互相干涉，形成的干涉条纹为膜的等厚各点的轨迹，这种干涉是一种等厚干涉。在反射方向观察时，将看到一组以接触点为中心的亮暗相间的圆环形干涉条纹，而且中心是一暗斑 [图4.6（a）]；如果从透射方向观察，则看到的干涉环纹与反射光的干涉环纹的光强分布恰成互补，中心是亮斑，原来的亮处变为暗环，暗环处变为亮环

[图 4.6（b）]，这种干涉现象最早为牛顿所发现，故称为牛顿环。

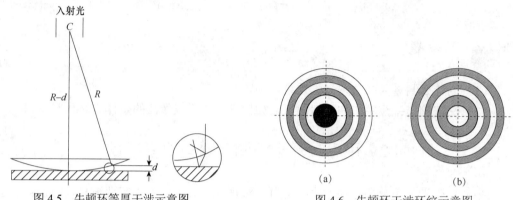

图 4.5　牛顿环等厚干涉示意图　　　　　图 4.6　牛顿环干涉环纹示意图

设透镜 L 的曲率半径为 R，形成的 m 级干涉暗条纹的半径为 r_m，m 级干涉亮条纹的半径为 r'_m，不难证明

$$r_m = \sqrt{mR\lambda} \qquad\qquad (4.3)$$

$$r'_m = \sqrt{(2m-1)R\frac{\lambda}{2}} \qquad\qquad (4.4)$$

以上两式表明，当 λ 已知时，只要测出 m 级暗环（或亮环）的半径，即可算出透镜的曲率半径 R；相反，当 R 已知时，只要测出 m 级暗环（或亮环）的半径，即可算出 λ。但由于两接触镜面之间难免附着尘埃，并且在接触时难免发生弹性形变，因而接触处不可能是一个几何点，而是一个圆面，所以近圆心处环纹比较模糊，以致难以确切判定环纹的干涉级数 m，即干涉环纹的级数和序数不一定一致。这样，如果只测量一个环纹的半径，计算结果必然有较大的误差。为了减少误差，提高测量精度，必须测量距中心较远的、比较清晰的两个环纹的半径。例如，测量第 m_1 个和第 m_2 个暗环（或亮环）的半径（这里 m_1 和 m_2 均为环序数，不一定是干涉级数），因而式（4.3）应修正为

$$r_m^2 = (m+j)R\lambda \qquad\qquad (4.5)$$

式中，m 为环序数；$(m+j)$ 为干涉级数（j 为干涉级修正值）。于是

$$r_{m_2}^2 - r_{m_1}^2 = [(m_2+j)-(m_1+j)]R\lambda = (m_2-m_1)R\lambda$$

上式表明，任意两环的半径平方差和干涉级及环序数无关，而只与两个环的序数之差（m_2-m_1）有关。因此，只要精确测定两个环的半径，由两个半径的平方差就可准确地算出透镜的曲率半径，即

$$R = \frac{r_{m_2}^2 - r_{m_1}^2}{(m_2-m_1)\lambda} \qquad\qquad (4.6)$$

由式（4.5）还可以看出，r_m^2 与 m 呈直线关系，如图 4.7 所示，其斜率为 $R\lambda$。因此，也可以测出一组暗环（或亮环）的半径 r_m^2 和它们相应的环序数 m，作 r_m^2-m 的关系曲线，然后从直线的斜率 $k=R\lambda=\dfrac{r_{m_2}^2 - r_{m_1}^2}{m_2-m_1}$ 算出 R，显然和式（4.6）的结果是一致的。

【实验内容】

（1）借助室内灯光用眼睛直接观察牛顿环仪，调节框上的螺旋使牛顿环呈圆形，并位于透镜的中心，但要注意不能拧紧螺旋。

（2）将仪器按图 4.8 所示安装好，直接使用单色扩展光源钠灯照明。由光源 S 发出的光照射到半透半反镜 G 上，使一部分光由 G 反射进入牛顿环仪。先用眼睛在竖直方向观察，调节半透半反镜 G 的高低及倾斜角度，使能观察到黄色明亮的视场。

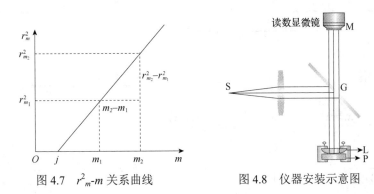

图 4.7　r_m^2-m 关系曲线　　　　图 4.8　仪器安装示意图

（3）调节读数显微镜 M 的目镜，使目镜中看到的叉丝最为清晰。将读数显微镜对准牛顿环仪的中心，从下向上移动镜筒对干涉条纹进行调焦，使看到的环纹尽可能清晰，并与显微镜的测量叉丝之间无视差。测量时，显微镜的叉丝最好调节成其中一根叉丝与显微镜的移动方向相垂直，移动时始终保持这根叉丝与干涉环纹相切，这样便于观察测量。

（4）用读数显微镜测量干涉环的半径，测量时由于中心附近比较模糊，一般取 m 大于 3，至于（m_2－m_1）取多大，可根据所观察的牛顿环去确定。但是从减小测量误差考虑，（m_2－m_1）不宜太小。下面的测量方案供参考。

从第 3 暗环到第 22 暗环测出各环直径两端的位置 x_k、x'_k，要从最外侧的位置 x_{22} 开始连续测量，直至 x'_{22} 为止（图 4.9）。

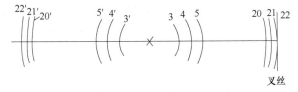

图 4.9　干涉环半径的测量

各环的半径 $r_k=\dfrac{1}{2}\left|x'_k-x_k\right|$，取 $m_2-m_1=10$，可得

$$\Delta_1=r_{13}^2-r_3^2,\ \ \Delta_2=r_{14}^2-r_4^2,\ \cdots,\ \ \Delta_{10}=r_{22}^2-r_{12}^2$$

从式（4.6）可知上列各 Δ 值应相等，取其平均值作为（$r_{m_2}^2-r_{m_1}^2$）的测量值去计算 R。

（5）计算平凸透镜的曲率半径 R 及其标准偏差。

计算 R 时可以依据式（4.5）或式（4.6）进行，钠光波长 λ 取 589.3nm。

【数据处理】

（1）记录测量数据（表4.4）。

表 4.4　数据记录

x_{12}	x_{11}	x_{10}	x_9	x_8	x_7	x_6	x_5	x_4	x_3
x'_{12}	x'_{11}	x'_{10}	x'_9	x'_8	x'_7	x'_6	x'_5	x'_4	x'_3

（2）曲率半径计算。

$$r_{12}=\frac{x_{12}-x'_{12}}{2}, \quad r_{11}=\frac{x_{11}-x'_{11}}{2}, \quad r_{10}=\frac{x_{10}-x'_{10}}{2}, \quad r_9=\frac{x_9-x'_9}{2}, \quad r_8=\frac{x_8-x'_8}{2}, \quad r_7=\frac{x_7-x'_7}{2},$$

$$r_6=\frac{x_6-x'_6}{2}, \quad r_5=\frac{x_5-x'_5}{2}, \quad r_4=\frac{x_4-x'_4}{2}, \quad r_3=\frac{x_3-x'_3}{2}。$$

$$R_1=\frac{r_8{}^2-r_3{}^2}{(8-3)\lambda}, \quad R_2=\frac{r_9{}^2-r_4{}^2}{(9-4)\lambda}, \quad R_3=\frac{r_{10}{}^2-r_5{}^2}{(10-5)\lambda}, \quad R_4=\frac{r_{11}{}^2-r_6{}^2}{(11-6)\lambda}, \quad R_5=\frac{r_{12}{}^2-r_7{}^2}{(12-7)\lambda}。$$

$$\overline{R}=\frac{R_1+R_2+R_3+R_4+R_5}{5}=\underline{\hspace{3cm}}。$$

（3）标准偏差的估计值为

$$\sigma=\sqrt{\frac{\sum_{i=1}^{5}(R_i-\overline{R})^2}{5-1}}$$

注意：

（1）干涉环两侧的序数不要数错。

（2）防止实验装置受震引起干涉环的变化。

（3）防止读数显微镜的"回程误差"，第一个测量值就要注意。

（4）平凸透镜 L 及平板玻璃 P 的表面加工不均匀是此实验重要的误差来源，为此应测大小不等的多个干涉环的直径去计算 R，可得平均的效果。

 **思考题**

（1）如果被测透镜是平凹透镜，能否应用本实验方法测定其凹面的曲率半径？试说明理由并推导相应的计算公式。

（2）如何改变图4.8的实验光路，以观察透射光所产生的干涉条纹？

（3）本实验有哪些系统误差？怎样减小？若牛顿环仪平面玻璃系曲率半径为 R_2 的凸球面（等于被测球面曲率半径 R_1 的 10 倍），试分析说明对计算公式的修正。

（4）本实验为何用扩展光源代替平行光源，对实验结果是否有影响？

（5）如果测量的不是干涉环半径，而是干涉环的半弦，对实验是否有影响，为什么？

4.3 分光计的调节和使用

分光计是一种常用的光学仪器，实际上是一种精密的测角仪。在几何光学实验中，主要用来测定棱镜角、光束的偏向角等，而在物理光学实验中，加上分光元件（棱镜、光栅）即可作为分光仪器，用来观察光谱、测量光谱线的波长等。

【实验目的】

（1）了解分光计的结构，掌握调节和使用分光计的方法。

（2）掌握测定棱镜角的方法。

（3）用最小偏向角法测定棱镜玻璃的折射率。

【实验仪器】

分光计、钠光灯、三棱镜等。

分光计主要由底座、望远镜、准直管、载物台和刻度圆盘等几部分组成，每部分均有特定的调节螺钉，图 4.10 为 JJY 型分光计的结构外形图。

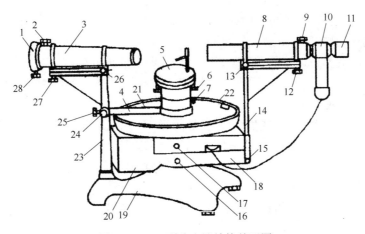

图 4.10 JJY 型分光计结构外形图

1. 狭缝装置；2. 狭缝装置锁紧螺钉；3. 准直管；4. 制动架（一）；5. 载物台；6. 载物台调平螺钉；7. 载物台锁紧螺钉；8. 望远镜；9. 望远镜锁紧螺钉；10. 阿贝式自准直目镜；11. 目镜视度调节手轮（目镜手轮）；12. 望远镜光轴高低调节螺钉；13. 望远镜光轴水平调节螺钉；14. 支臂；15. 望远镜微调螺钉；16. 望远镜止动螺钉；17. 转轴与刻度盘止动螺钉；18. 制动架（二）；19. 底座；20. 转座；21. 刻度盘；22. 游标盘；23. 立柱；24. 游标盘微调螺钉；25. 游标盘止动螺钉；26. 准直管光轴水平调节螺钉；27. 准直管光轴高低调节螺钉；28. 狭缝宽度调节手轮

（1）分光计的底座要求平稳而坚实。在底座的中央固定着中心轴，刻度盘和游标内盘套在中心轴上，可以绕中心轴旋转。

（2）准直管固定在底座的立柱上，它是用来产生平行光的。准直管的一端装有消色差物镜，另一端为装有狭缝的套管，狭缝的宽度可在 0.02～2mm 内改变。

（3）望远镜安装在支臂上，支臂与转座固定在一起，套在主刻度盘上，它是用来观察目标和确定光线进入方向的。物镜 L_o 和一般望远镜一样为消色差物镜，但目镜 L_e 的结构有些不同，常用的是阿贝式目镜［其结构和目镜中的视场如图 4.11（a）所示］和高斯式目镜［其结构和目镜中的视场如图 4.11（b）所示］。

（4）分光计上控制望远镜和刻度盘转动的有三套机构，正确运用它们对于测量很重要，它们是：

① 望远镜止动和微动控制机构，如图 4.10 中的 15、16。

② 分光计游标盘止动和微动控制机构，如图 4.10 中的 24、25。

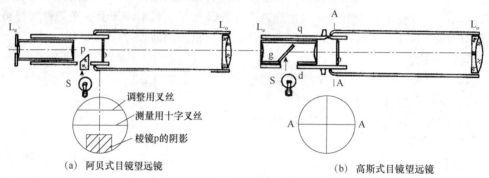

(a) 阿贝式目镜望远镜　　　　　　　(b) 高斯式目镜望远镜

图 4.11　望远镜

③ 望远镜和刻度盘的离合控制机构，如图 4.10 中的 17。

转动望远镜或移动游标位置时，都要先松开相应的止动螺钉；微调望远镜及游标位置时要先拧紧止动螺钉。

要改变刻度盘和望远镜的相对位置时，应先松开它们间的离合控制螺钉，调整后再拧紧。一般是将刻度盘的 0° 线置于望远镜下，这样可以减少在测角度时 0° 线通过游标引起的计算上的不便。

（5）载物台是一个用以放置棱镜、光栅等光学元件的圆形平台，套在游标盘上，可以绕通过平台中心的垂直轴转动和升降。当平台和游标盘（刻度内盘）一起转动时，控制其转动的方式与望远镜一样，也有粗调和精调两种；平台下有三个调节螺钉，可以改变平台台面与竖直轴的倾斜度。

（6）望远镜和载物台的相对方位可由刻度盘上的读数确定。主刻度盘上有 0°～360° 的圆刻度，分度值为 0.5°。为了提高角度测量的精密度，在内盘上相隔 180° 处设有两个游标 $V_{左}$ 和 $V_{右}$，游标上有 30 个分格，它和主刻度盘上 29 个分格相当，因此分度值为 1′。读数方法参照游标原理，如图 4.12 所示，读数应为 167°11′。记录测量数据时，必须同时读取两个游标的读数（为了消除刻度盘的刻度中心和仪器转动轴之间的偏心差）。安置游标的位置要考虑具体

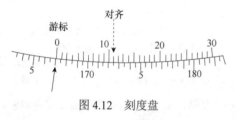

图 4.12　刻度盘

实验情况，主要注意读数方便，且在测量中尽可能使刻度盘 0° 线不通过游标。

记录与计算角度时，左、右游标应分别进行，注意防止混淆算错角度。

【实验原理】

1. 棱镜角的测量方法

1）自准直法

将被测棱镜置于载物台上，固定望远镜，点亮小灯照亮目镜中的叉丝，旋转载物台，

使棱镜的一个折射面对准望远镜，用自准直法调节望远镜的光轴与此折射面严格垂直，即使十字叉丝的反射像和调整叉丝完全重合，如图 4.13 所示。记录刻度盘上两游标的读数 θ_1、θ_2；再转动游标盘及载物台，依同样方法使望远镜光轴垂直于棱镜第二个折射面，记录相应的游标读数 θ'_1、θ'_2；同一游标两次读数之差等于棱镜角 A 的补角 θ：

$$\theta = \frac{1}{2}\left[(\theta'_2 - \theta_2) + (\theta'_1 - \theta_1)\right]$$

即棱镜角 $A = 180° - \theta$。重复测量几次，计算棱镜角 A 的平均值和标准不确定度。

2）棱脊分束法

置光源于准直管的狭缝前，将待测棱镜的折射棱对准准直管，如图 4.14 所示，由准直管射出的平行光束被棱镜的两个折射面分成两部分。固定分光计上的其余可动部分，转动望远镜至 T_1 位置，观察由棱镜的一折射面所反射的狭缝像，使之与垂直叉丝重合；将望远镜再转至 T_2 位置，观察由棱镜另一折射面所反射的狭缝像，再使之与垂直叉丝重合，望远镜的两位置所对应的游标读数之差，为棱镜角 A 的 2 倍。

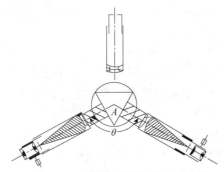

图 4.13　自准直法测棱镜角示意图

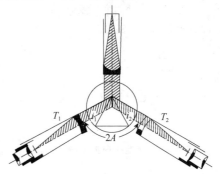

图 4.14　棱脊分束法测棱镜角示意图

注意： 在测量时，应将三棱镜的折射棱靠近载物台的中心放置，否则由棱镜两折射面所反射的光将不能进入望远镜。

2. **棱镜玻璃折射率的测定原理**

棱镜玻璃的折射率，可用测定最小偏向角的方法求得。如图 4.15 所示，光线 PO 经被测棱镜的两次折射后，沿 $O'P'$ 方向射出时产生的偏向角为 δ。在入射光线和出射光线关于棱镜对称的情况下，$i_1 = i'_2$，偏向角为最小，记为 δ_m。可以证明：棱镜玻璃的折射率 n 与棱镜角 A、最小偏向角 δ_m 有如下关系：

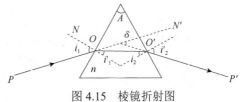

图 4.15　棱镜折射图

$$n = \frac{\sin\dfrac{A + \delta_m}{2}}{\sin\dfrac{A}{2}}$$

因此，只要测出 A 与 δ_m 就可从上式求得折射率 n。

由于透明材料的折射率是光波波长的函数，同一棱镜对不同波长的光具有不同的折射率，所以当复色光经棱镜折射后，不同波长的光将产生不同的偏向而被分散开来。通常棱镜的折射率是对钠光波长 589.3nm 而言的。

【实验内容】

1. 分光计的调节

1）调节要求

分光计是在平行光中观察有关现象和测量角度的，因此要求：

（1）分光计的光学系统（准直管和望远镜）要适应平行光。

（2）从刻度盘上读出的角度要符合观测现象中的实际角度。

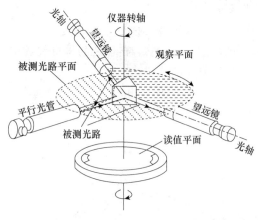

图 4.16　分光计观测系统示意图

用分光计进行观测时，其观测系统基本上由下述三个平面构成（图 4.16）。

① 读值平面，就是读取数据的平面，由主刻度盘和游标盘绕中心转轴旋转形成。对每一具体的分光计，读值平面都是固定的，且与中心主轴垂直。

② 观察平面，由望远镜光轴绕仪器中心转轴旋转所形成。只有当望远镜光轴与转轴垂直时，观察面才是一个平面，否则将形成一个以望远镜光轴为母线的圆锥面。

③ 被测光路平面，由准直管的光轴和经过待测光学元件（棱镜、光栅等）作用后，所反射、折射和衍射的光线所共同确定。调节载物台下方的三个调节螺钉，可以将被测光路平面调节到所需的方位。

按调节要求，应将此三个平面调节成相互平行，否则测得的角度将与实际角度产生差异，即引入系统误差。

2）调节方法（以下说明均按阿贝式目镜进行，如果使用高斯式目镜也可参照，因为原理是相同的）

（1）粗调。

① 旋转目镜手轮（即调节目镜与叉丝之间的距离），看清测量用十字叉丝［图 4.11（a）］。

② 用望远镜观察尽量远处的物体，前后调节目镜镜筒（即调节物镜与叉丝之间的距离），使远处物体的像和目镜中的十字叉丝同时清楚。

③ 将载物台平面和望远镜轴尽量调成水平（目测）。

在分光计调节中，粗调很重要，如果粗调不认真，可能给细调造成困难。

（2）精调。

将分光计附件——平面反射镜（或三棱镜）如图 4.17 所示放在载物台上（注意放置方位，如图放置则主要由一个螺钉控制一个反射面）。

① 应用自准直原理调节望远镜适合平行光。

点亮小十字叉丝照明灯，将望远镜垂直对准平面镜（或三棱镜）的一个反射面，如果从望远镜中看不到绿色小十字叉丝的反射像，就要慢慢左右转动载物台去找（粗调认真，均不难找到反射像），如果仍然找不到反射像，就要稍许调一下图 4.17 中的控制该反射面的螺钉 b_1，再慢慢左右转动平台去找。

看到小十字叉丝反射像［图 4.18（a）］后，再前后微调目镜镜筒，使小十字叉丝反射像清楚且和测量用十字叉丝间无视差。这样，望远镜就已适合平行光，以后不许再改变望远镜的调焦状态。

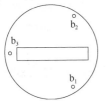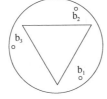

图 4.17　平面反射镜（或三棱镜）放置方法

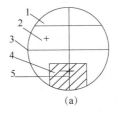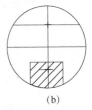

（a）　　　　　　　（b）

图 4.18　望远镜目镜视场示意图

1. 调整用叉丝；2. 小十字叉丝反射像；3. 测量用叉丝；
4. 棱镜 p 的阴影；5. 十字叉丝

② 用逐次逼近法调望远镜光轴与中心转轴垂直（即将观察面调成平面，观察平面与读数平面平行）。

如果由镜面反射的小十字叉丝像和调整用叉丝不重合，调节望远镜倾斜使二叉丝间的偏离度减少一半，再调节平台螺钉 b_1 使二者重合，如图 4.18（b）所示。

转动载物台，使另一镜面对准望远镜，左右慢慢转动平台，看到反的小十字叉丝像，如果它和调整用叉丝不重合，再由望远镜和螺钉 b_1 各调回一半（参照图 4.19）。

注意： 时常发现从平面镜的第一面见到了绿色小十字叉丝像，而在第二面则找不到，这可能是粗调不细致导致的，经第一面调节后，望远镜光轴和平台面均显著不水平，这时要重新进行粗调；如果望远镜光轴及平台面无明显倾斜，这时往往是小十字叉丝像在调整用叉丝上方视场之外导致的，可适当调望远镜倾斜度（使目镜一侧升高些）。

反复进行以上调整，直至无论转到哪一反射面，小十字叉丝像均能和调整用叉丝重合，则望远镜光轴与中心转轴已垂直。此调节法称为逐次逼近法或各半调节法。

③ 调节准直管使其产生平行光，并使其光轴与望远镜的光轴重合。

关闭望远镜叉丝照明灯，用光源照亮准直管狭缝。

转动望远镜，对准准直管。

将狭缝宽度适当调窄，前后移动狭缝，以便从望远镜能看到清晰的狭缝像，并且狭

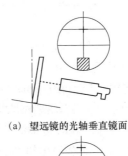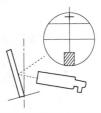

（a）望远镜的光轴垂直镜面　　（b）镜面绕转轴旋转180°

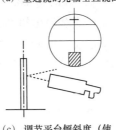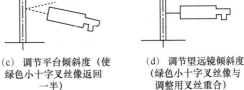

（c）调节平台倾斜度（使绿色小十字叉丝像返回一半）　　（d）调节望远镜倾斜度（绿色小十字叉丝像与调整用叉丝重合）

图 4.19　望远镜调节方法示意图

缝像和测量用叉丝之间无视差。这时狭缝已位于准直管准直物镜的焦面上，即从准直管出射平行光束。

调准直管倾斜度，使狭缝像的中心位于望远镜测量用叉丝的交点上，这时准直管和望远镜的光轴平行，并近似重合。（**思考：为何是近似重合，而不是完全重合？**）

2. **棱镜角的测量**

（1）将分光计的本体调节好，即应用自准直原理将望远镜对无穷远调焦，使望远镜的光轴垂直于仪器的主轴，使准直管产生平行光，并与望远镜共轴。

（2）调节被测光路平面与观察平面重合，即调节棱镜折射的主截面垂直于仪器的主轴。

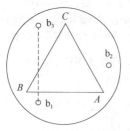

① 被测棱镜的放置方法。将被测棱镜按图 4.20 所示的方法，放置在载物台上，使折射面 AB 与平台调节螺钉 b_1 和 b_3 的连线相垂直。这时调节螺钉 b_1 或 b_3，能改变 AB 面相对于主轴的倾斜度，而调节螺钉 b_2 对 AB 面的倾斜度不产生影响。

② 调节三棱镜的主截面垂直于仪器的主轴。三棱镜的棱镜角 A 是棱镜主截面上三角形两边之间的夹角。应用分光计测量时，必须使待测光路平面与棱镜的主截面

图 4.20　三棱镜放置方法示意图

一致。由于分光计的观察平面已调节好并垂直于仪器的主轴，因此棱镜的主截面也应垂直于仪器的主轴。即调节三棱镜的两个折射面 AB 和 AC，使之均能垂直于望远镜的光轴。

调节的方法是先用望远镜对准棱镜的 AB 面，细调螺钉 b_1 或 b_3，使望远镜目镜视场中能看见清晰的叉丝反射像，并和调整用叉丝重合，如图4.18（b）所示。旋转载物台，再将棱镜的 AC 面对准望远镜，精调螺钉 b_2，又可见十字叉丝的反射像呈现在视场中。在一般情况下，视场中的两对叉丝在垂直方向上将不再重合。依照二分之一调节法，重复进行调节，直至无论望远镜对准棱镜的 AB 面还是 AC 面时，十字叉丝的反射像均能和调整用叉丝无视差地重合，此时，棱镜的主截面才和仪器的主轴相垂直。至此，分光计测量前的准备工作已全部完成。

注意：分光计调节好后，在使用中不要破坏已调好的条件；分光计上可调螺钉较多，要明确它们的作用。

③ 测量过程及数据记录参考实验原理中的自准直法。

3. **棱镜玻璃折射率的测定**

（1）用钠光灯照亮狭缝，使准直管射出平行光束。

（2）测定最小偏向角。

① 将被测棱镜按图4.21所示放置在载物台上，转动望远镜至 T_1 位置，便能清楚地看见钠光经棱镜折射后形成的黄色谱线。

② 将刻度内盘（游标盘）固定，慢慢转动载物台，改变入射角 i_1，使谱线往偏向角减小的方向移动，同时转动望远镜跟踪该谱线。

③ 当载物台转到某一位置，该谱线不再移动，这时无论载物台向何方向转动，该谱线均向相反方向移动，即偏向角都变大。这个谱线反向移动的极限位置就是棱镜对该谱线的最小偏向角的位置。

④ 左右慢慢转动载物台，同时操纵望远镜微动装置，使竖直叉丝对准黄色谱线的极限位置（中心），记录望远镜在 T_1 位置的两游标读数 θ_1、θ_2。

⑤ 将棱镜转到对称位置（图 4.22），使光线向另一侧偏转，同上寻找黄色谱线的极限位置，相应的游标读数为 θ'_1、θ'_2。同一游标左、右两次数值之差 $|\theta'_1 - \theta_1|$、$|\theta'_2 - \theta_2|$ 是最小偏向角的 2 倍，即

$$\delta_{\mathrm{m}} = \frac{1}{4}\left(|\theta'_1 - \theta_1| + |\theta'_2 - \theta_2|\right)$$

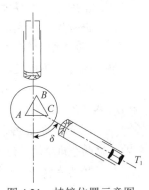

图 4.21　棱镜位置示意图

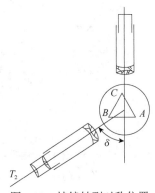

图 4.22　棱镜转到对称位置

（3）将测得的顶角 A 及最小偏向角 δ_{m} 代入 $n = \dfrac{\sin\dfrac{A + \delta_{\mathrm{m}}}{2}}{\sin\dfrac{A}{2}}$，计算棱镜玻璃的折射率 n 及不确定度。

注意：有关表示角度误差的数值要以弧度为单位。

 思考题

（1）在用自准直法调节望远镜时，如何判断分划板上黑十字线与物镜焦平面严格共面？

（2）测棱镜折射率时应把三棱镜如何放置在载物台上？为什么这样放？

（3）调好望远镜光轴与分光计转轴相垂直以后，拧动载物台的调整螺钉，会不会破坏这种垂直性？

（4）若三棱镜的位置相对于望远镜偏低，对测量有无影响？

（5）调节分光计所用的平面反射镜可否两面镀铝？

（6）分光计为什么要设置两个游标？

（7）设计一种不需测最小偏向角而能测棱镜玻璃折射率的方案（使用分光计去测）。

（8）何谓最小偏向角？另设计一种测量最小偏向角的方法。

知识拓展

分光计刻度盘中心与游标盘中心不同轴的系统误差及消除

分光计的读数系统是由刻度盘和游标盘组成的，刻度盘和游标盘套在分光计的中心轴上，可以绕中心轴旋转。由于加工技术及精度所限，刻度盘中心与游标盘中心不能严格重合，而是有一定的偏离，从而导致了偏心差的产生。

为了消除分光计的偏心差，便在分光计的游标盘的直径两端设置了两个游标。使用时根据游标原理读出两组数据，然后将这两组数据取平均值，即可消除偏心差。

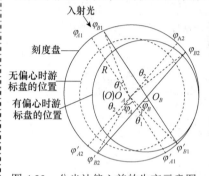

图 4.23　分光计偏心差的生产示意图

如图 4.23 所示，在无偏心时，游标盘的中心 O_A 与刻度盘的中心 O 重合，并设转角为 φ_A，转动半径为 R，其刻度盘上初、末位置的两组相应的读数点分别为 φ_{A1}、φ'_{A1} 和 φ_{A2}、φ'_{A2}；当有偏心时，游标盘的中心 O_B 与刻度盘的中心 O 不重合（它们之间的距离就是偏心差），并设转角为 φ_B，但转动半径不确定，其刻度盘上初、末位置的两组相应的读数分别为 φ_{B1}、φ'_{B1} 和 φ_{B2}、φ'_{B2}。应当注意，φ_{A1} 和 φ_{B1} 不在同一读数点上，即 $O_A\varphi_{A1}$ 与 $O_B\varphi_{B1}$ 是平行的，其他相应的读数点也是如此。实际上，图 4.23 中的 φ_A 与 φ_B 应是相等的，但由于偏心最终导致这两个角度读数值不同。

在图 4.23 中，作辅助线 $O_A\varphi_{B1}$、$O_A\varphi'_{B1}$ 和 $O_A\varphi_{B2}$、$O_A\varphi'_{B2}$（均为半径 R），并设 $\varphi_{B1}-\varphi_{A1}=\varphi'_{A1}-\varphi'_{B1}=\theta_1$，$\varphi_{B2}-\varphi_{A2}=\varphi'_{A2}-\varphi'_{B2}=\theta_2$。这里的 θ_1 和 θ_2 分别是由偏心在初、末位置所引起的读数误差，通常情况下两者不相等。下面通过具体的计算，看看盘分别绕 O_A 和 O_B 转动时，刻度盘两端读数的平均值是否相等，就知道偏心差是否被消除。

1. 绕 O_A 转动时（无偏心）

$\varphi_{A2}-\varphi_{A1}=\varphi'_{A2}-\varphi'_{A1}=\varphi_A$，则平均值为

$$\overline{\varphi}_A=\frac{1}{2}[(\varphi_{A2}-\varphi_{A1})+(\varphi'_{A2}-\varphi'_{A1})]=\varphi_A$$

可见，如果没有偏心，两端的值相等，也就没有必要设置两个游标，只设置一个就行了。

2. 绕 O_B 转动时（有偏心）

从图 4.23 知，$\varphi_{B1}=\varphi_{A1}+\theta_1$，$\varphi_{B2}=\varphi_{A2}+\theta_2$；$\varphi'_{B1}=\varphi'_{A1}-\theta_1$，$\varphi'_{B2}=\varphi'_{A2}-\theta_2$。

假如只设置其中一个游标，其角度值为

$$\varphi_B=\varphi_{B2}-\varphi_{B1}=(\varphi_{A2}+\theta_2)-(\varphi_{A1}+\theta_1)=(\varphi_{A2}-\varphi_{A1})+(\theta_2-\theta_1)=\varphi_A+(\theta_2-\theta_1)$$

或者

$$\varphi_B=\varphi'_{B2}-\varphi'_{B1}=\varphi_A-(\theta_2-\theta_1)$$

以上两式中 φ_B 均不等于 φ_A，且互不相等（除非 $\theta_1=\theta_2$，但这是不可预设的），可见只设置一个游标是不行的。如果设置两个游标，则取平均值得

$$\overline{\varphi}_B=\frac{1}{2}\{[\varphi_{B2}-\varphi_{B1}]+[\varphi'_{B2}-\varphi'_{B1}]\}$$

$$=\frac{1}{2}\{[\varphi_A+(\theta_2-\theta_1)]+[\varphi_A-(\theta_2-\theta_1)]\}$$

$$=\frac{1}{2}\{2\varphi_A+[(\theta_2-\theta_1)-(\theta_2-\theta_1)]\}$$

$$=\varphi_A$$

显然，$\overline{\varphi}_B=\varphi_A$。可见，由偏心引起的读数误差经过平均计算后确实被消除了。

4.4 光偏振现象的研究

光的偏振现象是波动光学中一种重要现象。对于光的偏振现象的研究，使人们对光的传播（反射、折射、吸收和散射等）规律有了新的认识。特别是近年来利用光的偏振性所开发出来的各种偏振光元件、偏振光仪器和偏振光技术在现代科学技术中发挥了极其重要的作用，在光调制器、光开关、光学计量，应力分析、光信息处理、光通信、激光和光电子学器件等方面都有着广泛的应用。本实验将对光偏振的基本知识和性质进行观察、分析和研究。

【实验目的】

（1）了解偏振光的种类，着重了解和掌握线偏振光、圆偏振光、椭圆偏振光的产生及检验方法。

（2）了解和掌握$\frac{1}{4}$波片的作用及应用。

（3）了解和掌握$\frac{1}{2}$波片的作用及应用。

【实验仪器】

（1）He-Ne 激光器。

（2）光偏振综合仪器一套。

【实验原理】

1. 偏振光的种类

光是电磁波，它的电矢量 E 和磁矢量 H 相互垂直，且又垂直于光的传播方向。通常用电矢量代表光矢量，并将光矢量和光的传播方向所构成的平面称为光的振动面。按光矢量的不同振动状态，可以把光分为五种偏振态：如光矢量沿着一个固定方向振动，称为线偏振光或平面偏振光；如在垂直于传播方向的平面内，光矢量的方向是任意的，且各个方向的振幅相等，则称为自然光；如果有的方向光矢量的振幅较大，有的方向振幅较小，则称为部分偏振光；如果光矢量的大小和方向随时间做周期性的变化，且光矢量的末端在垂直于光传播方向的平面内的轨迹是圆或椭圆，则分别称为圆偏振光或椭圆偏振光。

能使自然光变成偏振光的装置或器件，称为起偏器；用来检验偏振光的装置或器件，称为检偏器。

2. 线偏振光的产生

1）反射和折射产生偏振

根据布儒斯特定律，当自然光以 $i_b=\mathrm{arctan}n$ 的入射角从空气或真空入射至折射率为 n 的介质表面上时，其反射光为完全的线偏振光，振动面垂直于入射面，而透射光为部分偏振光，i_b 称为布儒斯特角。

如果自然光以 i_b 入射到一叠平行玻璃片堆上，则经过多次反射和折射最后从玻璃片堆透射出来的光也接近于线偏振光。玻璃片的数目越多，透射光的偏振度越高。

2）偏振片产生偏振

它是利用某些有机化合物晶体的"二向色性"制成的。当自然光通过这种偏振片后，光矢量垂直于偏振片透振方向的分量几乎完全被吸收，光矢量平行于透振方向的分量几乎完全通过，因此透射光基本上为线偏振光。

3）双折射产生偏振

当自然光入射到某些双折射晶体（如方解石、石英等）时，经晶体的双折射所产生的寻常光（o 光）和非常光（e 光）都是线偏振光。

3. 波晶片

波晶片简称波片，它通常是一块光轴平行于表面的单轴晶片，一束平面偏振光垂直入射到波晶片后，便分解为振动方向与光轴方向平行的 e 光和与光轴方向垂直的 o 光两部分（图 4.24）。这两种光在晶体内的传播方向虽然一致，但它们在晶体内传播的速度不相同。于是，e 光和 o 光通过波晶片后就产生固定的相位差 δ，即

$$\delta=\frac{2\pi}{\lambda}(n_e-n_o)\,l$$

式中，λ 为入射光的波长；l 为晶片的厚度；n_e、n_o 分别为 e 光和 o 光的主折射率。

对于某种单色光，能产生相位差 $\delta=(2k+1)\dfrac{\pi}{2}s$ 的波晶片，称为此单色光的 $\dfrac{1}{4}$ 波片；能产生 $\delta=(2k+1)\pi$ 的波晶片，称为 $\dfrac{1}{2}$ 波片；能产生 $\delta=2k\pi$ 波晶片，称为全波片。通常波片用云母片剥离成适当厚度或用石英晶体研磨成薄片。由于石英晶体是正晶体，其 o 光比 e 光的速度快，沿光轴方向振动的光（e 光）传播速度慢，故光轴称为慢轴，与之垂直的方向称为快轴。对于负晶体制成的波片，光轴就是快轴。

4. 平面偏振光通过各种波片后偏振态的改变

由图 4.24 可知一束振动方向与光轴成 θ 角的平面偏振光垂直入射到波片上后，会产生振动方向相互垂直的 e 光和 o 光，其 E 矢量大小分别为 $E_e=E\cos\theta$、$E_o=E\sin\theta$，通过波片后，二者产生一附加相位差。离开波片时合成波的偏振性质，决定于相位差 δ 和 θ。如果入射线偏振光的振动方向与波片的光轴的夹角为 0 和 $\dfrac{\pi}{2}$，则任何波片对它都不起作用，即从波片出

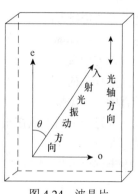

图 4.24　波晶片

射

的光仍为原来的线偏振光。而如果 θ 不为 0 或 $\frac{\pi}{2}$，线偏振光通过 $\frac{1}{2}$ 波片后，出来的也仍为线偏振光，但它的振动方向将旋转 2θ，即出射光和入射光的电矢量对称于光轴。线偏振光通过 $\frac{1}{4}$ 波片后，则可能产生线偏振光、圆偏振光和长轴与光轴垂直或平行的椭圆偏振光，这取决于入射线偏振光振动方向与光轴的夹角 θ。

5. 偏振光的鉴别

鉴别入射光的偏振态须借助于检偏器和 $\frac{1}{4}$ 波片。使入射光通过检偏器后，检测其透射光强并转动检偏器：若出现透射光强为零（称"消光"）的现象，则入射光必为线偏振光；若透射光的强度没有变化，则可能为自然光或圆偏振光（或两者的混合）；若转动检偏器，透射光强虽有变化但不出现消光现象，则入射光可能是椭圆偏振光或部分偏振光。要进一步鉴别，则须在入射光与检偏器之间插入一块 $\frac{1}{4}$ 波片。若入射光是圆偏振光，则通过 $\frac{1}{4}$ 波片后将转变成线偏振光，转动检偏器时就会看到消光现象；否则，就是自然光。若入射光是椭圆偏振光，当 $\frac{1}{4}$ 波片的慢轴与被检的椭圆偏振光的长轴或短轴平行时，透射光也为线偏振光，于是转动检偏器也会出现消光现象；否则，就是部分偏振光。

【实验内容】

本实验采用波长为 632.8nm 的 He-Ne 激光器作光源，它能输出足够强的单色光，在激光器谐振腔内放有布儒斯特窗片，从而使出射的激光束是线偏振光。将各偏振元件按图 4.25 放好，暂时不放 $\frac{1}{4}$ 波片 C，图中 A 为偏振片。先使 A 的透光轴与激光的电矢量垂直，产生消光现象，记下偏振片 A 消光时的位置读数 $A_{(0)}$。然后将 $\frac{1}{4}$ 波片 C 放在检偏器的前面，旋转 C，使再次出现消光现象，记下 $\frac{1}{4}$ 波片消光时的位置读数 $C_{(0)}$。

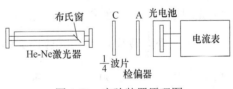

图 4.25　实验装置原理图

1. $\frac{1}{4}$ 波片的作用

旋转 $\frac{1}{4}$ 波片 C，以改变其慢（或快）轴与入射的线偏振光电矢量之间夹角 θ。当 θ 角分别为 15°、30°、45°、60°、75°、90°时，将 A 逐渐旋转 360°，观察光电流的变化，出现几次极大和几次极小值，将光电流的极大值和极小值记录在表 4.5 中，并说明 $\frac{1}{4}$ 波片出射光的偏振情况。

表 4.5　$\frac{1}{4}$ 波片的作用

$\frac{1}{4}$ 波片转过角度	A 逐渐旋转 360° 观察到的现象	光的偏振性质
15°		
30°		
45°		
60°		
75°		
90°		

2. 圆、椭圆偏振光的鉴别

单用一块偏振片无法区别圆偏振光和自然光,也无法区别椭圆偏振光和部分偏振光。请设计一个实验,要求用一块 $\frac{1}{4}$ 波片产生圆偏振光或椭圆偏振光,再用另一块 $\frac{1}{4}$ 波片将其变成线偏振光。记录下你的实验过程和实验结果。

3. $\frac{1}{2}$ 波片的作用

(1) 如图 4.43 所示的装置中,将 C 换成 $\frac{1}{2}$ 波片 C′。

(2) 先不放 C′,转动 A 到消光位置,然后在 He-Ne 激光器和 A 之间放上 $\frac{1}{2}$ 波片 C′,将此 $\frac{1}{2}$ 波片转动 360°,能看到几次消光?请加以解释。

(3) 将 $\frac{1}{2}$ C′ 波片任意转动一角度,破坏消光现象。再将 A 转动 360°,又能看到几次消光现象?请加以解释。

(4) 改变 $\frac{1}{2}$ 波片 C′ 的慢(或快)轴与激光的振动方向之间夹角 θ 的数值,使其分别为 15°、30°、45°、60°、75°、90°。转动 A 到消光位置,记录相应的角度 θ'。解释上面实验的结果,并因此了解 $\frac{1}{2}$ 波片的作用。

思考题

(1) 如何利用测布儒斯特角的原理确定一块偏振片透光轴的位置?
(2) 什么叫波片的快轴和慢轴?与光轴有何关系?
(3) 在本实验中是否要确切知道波片的快轴或慢轴?

（4）实验时为什么必须使入射光与波片表面垂直？

（5）怎样判断 $\frac{1}{4}$ 波片的慢（或快）轴与 He-Ne 激光器输出的线偏振光振动方向平行或垂直？

（6）怎样判断两块 $\frac{1}{4}$ 波片的慢轴已相互平行而组成一个 $\frac{1}{2}$ 波片？

（7）自然光垂直照在一块 $\frac{1}{4}$ 波片上，再用一块偏振片观察该波片的透射光，转动偏振片 360°，能看到什么现象？固定偏振片，转动波片 360°，又看到什么现象？为什么？

（8）指出用于偏振光实验的 He-Ne 激光器在结构上有什么特点。

（9）是否可借助于 $\frac{1}{4}$ 波片把圆偏振光和自然光区别开来，把椭圆偏振光和部分偏振光区别开来，为什么？

4.5　双光干涉实验

波动光学研究光的波动性质、规律及其应用，主要内容包括光的干涉、衍射和偏振。双光干涉实验和双缝干涉实验、双棱镜干涉实验、劳埃镜干涉实验一样，都是分波阵面的双光束干涉，这种干涉和两个相干光源是否实际存在无关。

【实验目的】

（1）通过双缝干涉、双棱镜干涉、劳埃镜干涉三个实验进一步理解光的干涉本质和产生的必要条件。

（2）利用三个实验分别测出光波的波长，并比较各自不同的特点。

4.5.1　双缝干涉

【实验仪器】

钠光灯、单缝、双缝、读数显微镜、测微目镜等。

【实验原理】

在一定条件下两束光相互重叠时，会出现明暗相间的条纹，这种重叠光束相互加强和相互减弱的现象称为光的干涉现象。只有相干光才能产生干涉，因此在实验时，总是利用各种方法从同一光源获得两束相干光来产生干涉现象。1801 年，英国物理学家托马斯·杨首先以极简单的装置获得了光的干涉条纹，开创了分波阵面法得到相干点、缝光源的先例。杨氏实验的装置如图 4.26 所示：用单色光源照亮一狭缝 S，在 S 后面放一开有两个靠

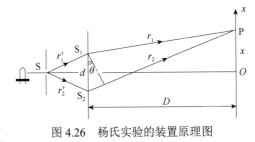

图 4.26　杨氏实验的装置原理图

得很近的相互平行的狭缝 S_1 和 S_2 的板，在较远的接收屏上即可观察到明暗相间的干涉条纹。

在图 4.26 中，$r_1' = r_2'$。当 $d \ll D$，$x \ll D$ 时，两束光的光程差：

$$\Delta = r_2 - r_1 \approx d\sin\theta \approx d\frac{x}{D} \tag{4.7}$$

当 $\Delta = k\lambda$ 时为明条纹，将 $\Delta = k\lambda$ 代入式（4.7）可得明条纹的位置为

$$x_{k\text{明}} = k\frac{D}{d}\lambda, \quad k = 0, \pm 1, \pm 2, \cdots \tag{4.8}$$

当 $\Delta = \frac{1}{2}(2k+1)\lambda$ 时为暗条纹，将 $\Delta = \frac{1}{2}(2k+1)\lambda$ 代入式（4.7）可得暗条纹的位置为

$$x_{k\text{暗}} = \left(k+\frac{1}{2}\right)\frac{D}{d}\lambda, \quad k = 0, \pm 1, \pm 2, \cdots \tag{4.9}$$

由式（4.8）和式（4.9）可知，相邻明条纹或相邻暗条纹的间距皆为

$$\Delta x = x_{k+1} - x_k = \frac{D}{d}\lambda \tag{4.10}$$

则

$$\lambda = \frac{d}{D}\Delta x \tag{4.11}$$

所以，只要测出两狭缝的间距 d，双缝到屏的距离 D 以及明条纹或暗条纹的间距 Δx，代入式（4.11），就可求出入射光的波长。

【实验内容】

（1）把各仪器按图 4.24 依次放置于光具座上，用测微目镜代替光屏，调节仪器共轴等高。

（2）使单缝与双缝平行，调整单缝的宽度，直到在测微目镜中能看到清晰干涉条纹。测量明条纹或暗条纹的间距 Δx 及双缝到测微目镜的距离 D。

（3）用读数显微镜测量双缝的间距 d。

（4）把测出的各量代入式（4.11），求出钠光波长。

【数据处理】

将实验测得的数据填入表 4.6。

表 4.6 双缝干涉实验数据

测量次数	d/mm	$\Delta x/\text{mm}$	D/mm	λ/nm	$\bar{\lambda}$
1					
2					
3					

注：$\lambda = \frac{d}{D}\Delta x$。

4.5.2 双棱镜干涉

【实验仪器】

光具座、钠光灯、可调狭缝、菲涅耳双棱镜、测微目镜、辅助凸透镜（两片）、光屏等。

菲涅耳双棱镜是一顶角接近 180° 的三棱镜，它相当于由两个底面相接、棱角很小的直角棱镜拼合而成。

【实验原理】

本实验是利用菲涅耳双棱镜分割波阵面来产生两束相干光的，这个实验曾是证明光

的波动性的典型实验。

　　实验装置如图 4.27 所示，单色或准单色光源 M 发出的光照明一个取向和缝宽均可调节的狭缝 S，使 S 成为一个线光源，经菲涅耳双棱镜折射后，成为两束相互重叠的光束，它们好像是由与狭缝处于同一平面上的两个虚像 S_1 和 S_2 发出的一样。由于这两束光来自同一光源，与杨氏双缝所发出的两束光相似，满足相干条件，因而在该两束光的交叠区内产生干涉现象。将光屏或测微目镜置于干涉区域中的任何地方，光屏上或测微目镜的分化板上将出现明暗交替的干涉条纹。因为干涉条纹间距很小，在光屏上的这种条纹很难分辨，所以一般采用测微目镜或显微镜来观察。设入射光的波长为 λ，两虚光源 S_1 和 S_2 间的距离为 d，狭缝平面到观察屏的距离为 D，则有式（4.11）成立。所以测出 d、D 和 Δx，就可计算出光波波长。

　　其中，d 的测量用二次成像法，如图 4.28 所示：在菲涅耳双棱镜和测微目镜之间放置一焦距为 f'的凸透镜，当 $D>4f'$ 时，前后移动凸透镜，可有两个位置使虚光源成像于测微目镜中。图 4.29 为二次成像光路图，当 L 在位置（a）时，得到放大实像 d_1；L 在位置（b）时，得到缩小实像 d_2。从几何关系知

$$\frac{d}{d_1}=\frac{a_1}{b_1} \qquad \frac{d}{d_2}=\frac{a_2}{b_2}$$

当物和屏的位置不变时，从共轭成像关系知 $a_1=b_2$，$a_2=b_1$，所以 $\dfrac{d}{d_1}=\dfrac{d_2}{d}$，从而得 $d=\sqrt{d_1d_2}$ 。

　　用测微目镜测出 d_1 和 d_2 后，代入上式即求出两虚光源之间的距离。

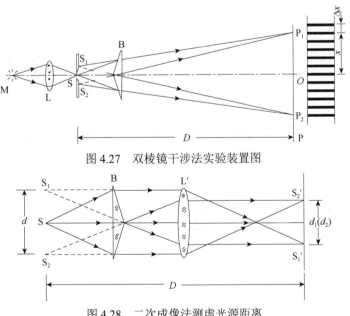

图 4.27　双棱镜干涉法实验装置图

图 4.28　二次成像法测虚光源距离

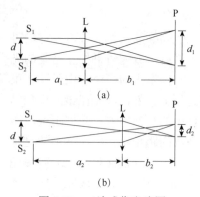

图 4.29　二次成像光路图

【实验内容】

1. 调节光路

（1）如图 4.27 所示，将单色光源 M、凸透镜 L、狭缝 S、菲涅耳双棱镜 B 与测微目镜 P 依次放置在光具座上，调节共轴等高。

（2）点亮钠光灯，使其通过菲涅耳双棱镜均匀照亮狭缝，调节菲涅耳双棱镜或狭缝使单缝射出的光束能对称地照射在菲涅耳双棱镜钝角棱的两侧。调节测微目镜，在视场中找到一条亮带或干涉条纹，使其置于视场中央。

（3）使狭缝的中心线与菲涅耳双棱镜的棱脊严格平行，在保证视场明亮，不影响条纹观察的前提下，使狭缝的宽度尽量小些，便可在目镜视场中看到清晰、明暗相间的干涉条纹。若条纹数目少，可增加菲涅耳双棱镜与狭缝间的距离，直到能观察十条以上条纹。

2. 测量数据

（1）测 Δx。为了提高测量的精度，用测微目镜测出 n 条条纹间隔的距离，并除以 n，求得 Δx。测三次，求平均值。

（2）测 D。用米尺测出狭缝到测微目镜叉丝平面之间的距离。因为狭缝平面和测微目镜叉丝平面均不和光具座滑块的读数准线共面，在测量时应引入相应的修正。测三次，求平均值。

（3）测 d。使狭缝与菲涅耳双棱镜间的距离保持不变，且狭缝与测微目镜的距离 D' 大于 $4f'$，移动透镜，用测微目镜分别测出放大像之间的距离 d_1 和缩小像之间的距离 d_2。分别测量三次，并求出平均值，代入公式 $d=\sqrt{d_1 d_2}$ 求出 d。

（4）由以上数据代入 $\lambda=\dfrac{d}{D}\Delta x$ 求出钠光的波长并计算测量误差。

【数据处理】

将实验测得的数据填入表 4.7。

表 4.7　双棱镜干涉实验数据

测量次数	d/mm	Δx/mm	D/mm	λ/nm	$\bar{\lambda}$
1					
2					
3					

注：$d=\sqrt{d_1 d_2}$，$\lambda=\dfrac{d}{D}\Delta x$。

4.5.3　劳埃镜干涉

【实验仪器】

钠光灯、单缝、光屏、劳埃镜、测微目镜等。

【实验原理】

劳埃镜干涉是劳埃于 1834 年提出的一种简单的获得相干光的方法。劳埃镜是一块背面涂黑的平玻璃板，如图 4.30 所示，S_1 为垂直图面的缝光源，由它发出的光一部分直接射到屏上；另一部分经劳埃镜 MM' 上表面反射（入射角近 90°，称掠入射）后再射到屏上，这两列相干光波中一束是由 S_1 直接发出的；另一束反射光可看成 S_1 的反射虚像 S_2 发出，S_1、S_2 为相干光源，屏上可观察到干涉条纹。设 S_1 到反射面的距离为 a，则相干光源之间的距离 $d = 2a$，D 为相干光源到屏的距离，由式（4.11）得

$$\lambda = \frac{2a}{D} \Delta x \qquad (4.12)$$

测出 a、D、Δx，代入式（4.12）即可求出 λ。

【实验内容】

（1）如图 4.30 所示，把各仪器放置到光具座上，调节共轴等高。

（2）把劳埃镜紧靠单缝，水平放置到托盘上，使其上表面几乎与单缝等高。

（3）调整测微目镜在光具座上的位置，让劳埃镜靠近测微目镜一端的棱边最清晰。

（4）微调劳埃镜的高度和单缝的宽度，视场中便可出现清晰的干涉条纹，观察条纹的特点。

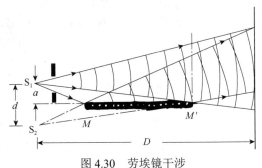

图 4.30　劳埃镜干涉

（5）微调劳埃镜的高度，观察条纹的变化。

（6）自行设计步骤，测量钠光波长。

【数据处理】

根据实验内容自行设计数据记录表格并进行数据处理。

思考题

（1）在双棱镜干涉实验中，调节干涉条纹清晰的主要步骤是什么？

（2）在双棱镜干涉实验中，当测完条纹的间距后，再测量两虚光源之间的距离时，测微目镜能否改变位置？

（3）干涉条纹的宽度是由哪些因素决定的？当狭缝和双棱镜之间的距离加大时，干

涉条纹是变宽还是变窄，用公式加以阐明。

（4）在双棱镜和光源之间为什么要放置一个狭缝？说明狭缝宽度对干涉条纹的影响。

4.6 利用光电效应测定普朗克常数

用光电效应测定普朗克常数是近代物理学中关键性实验之一。学习其基本方法，对于我们了解量子物理学的发展及光的本性，是十分有益的。根据光电效应制成的各种光电器件在工农业生产、科研和国防等各个领域有着广泛的应用。

【实验目的】

（1）通过本实验了解光的量子性和光电效应的基本规律，验证爱因斯坦方程。

（2）求出普朗克常数。

【实验仪器】

本实验采用 GP-III 型普朗克常数测定仪，其装置包括如下几部分。

1. 光源

光源采用 GGQ-50WHg 仪器用高压汞灯，在 302.3～872.0nm 的谱线范围内有 365.0nm、404.7nm、435.8nm、491.6nm、546.1nm、577.0nm 等谱线可供实验使用。

2. 光电管

本实验采用的光电管为 GD-27 型光电管。谱线范围：340.0～700.0nm。最高灵敏波长是（410.0±10.0）nm，阴极光灵敏度约 $1\mu A/lx$，暗电流约 $10^{-12}A$。为了避免杂散光和外界电磁场对微弱光电流的干扰，光电管装在带有入射窗口的暗盒内，暗盒窗口可以安放光阑和各种带通滤色片。

3. NG 型滤色片

汞光源中，除黄 I、黄 II 两条谱线较为接近外，其余谱线都相距甚远，用滤色片已能得到良好的单色光。故采用 NG 型滤色片获得单色光，它具有滤选 365.0 nm、404.7nm、435.8nm、546.1nm、577.0nm 等谱线的能力。

4. 微电流测量放大器

其电流测量范围在 $10^{-13}～10^{-6}A$，十进位变换。其采用 $3\frac{1}{2}$ 位数字电流表，读数精度分为 $0.1\mu A$（用于调零和校准）和 $1\mu A$（用于测量）两种。

【实验原理】

1. 光电效应及爱因斯坦方程

1887 年，赫兹在验证电磁波存在时意外发现，当一束入射光照射到金属表面上时，会有电子从金属表面逸出，这个物理现象被称为光电效应。用图 4.31 所示实验装置可研究光电效应的实验规律。图中 A、K 分别为真空光电管的阳极和阴极，G 是微电流计，

V 是电压表。由实验可得光电效应的基本规律如下：

（1）当入射光频率不变时，饱和光电流 I_H 与入射光的强度成正比，即单位时间内产生的光电子数与入射光强度成正比，如图 4.32 所示。其中 U-I 曲线称为伏安特性曲线。

（2）光电子的最大初动能（即遏止电压），随入射光频率的增加而线性地增加，而与入射光强度无关。

（3）对于给定金属，有一个极限频率 v_0，当入射光的频率 v 小于极限值 v_0 时，无论光的强度多大，都不会产生光电效应。

（4）光电效应是瞬时效应。当入射光的频率大于 v_0 时，一经照射，就有光电子产生。

1905 年，爱因斯坦依照普朗克的量子假设，提出光子的概念，给光电效应以正确的理论解释。他认为：从一点发出的光不是按麦克斯韦电磁理论指出的那样以连续分布的形式将能量传播到空间，而是频率为 v 的光以 hv 为能量单位一份一份地向外辐射。其中，h 为普朗克常数，目前公认为 $h = 6.62619 \times 10^{-34} \mathrm{J \cdot S}$。光电效应是指具有能量 hv 的一个光子作用于金属中的一个自由电子，光子的能量一次全部被电子所吸收。该电子所获得的能量，一部分用来克服金属表面对它的束缚，剩余的能量就成为逸出金属表面后该光电子的动能。如果电子脱离金属表面耗费的能量为 W_S，则由光电效应打出来的电子的动能为

$$E = hv - W_S \quad \text{或} \quad \frac{1}{2}mv_0^2 = hv - W_S \qquad (4.13)$$

这就是著名的爱因斯坦方程。其中 m 是光子质量，v_0 是光子的速度。

2. 普朗克常数的测定

普朗克常数测定实验原理如图 4.31 所示。当无光照射时，由于阴极和阳极处于断路状态，G 中无电流。有光照射时，光子 hv 射到阴极 K 上释放出光电子。当 A 加正电位，K 加负电位时，光电子被加速，形成光电流。加速电位差 U_{AK} 越大，光电流越大，当 U_{AK} 达到一定值时，光电流达到饱和值 I_H，如图 4.32 所示。当 K 加正电位、A 加负电位，U_{AK} 变为负值时，光电子被减速，光电流迅速减小；当 U_{AK} 达到一定负值，所有光电子都不能到达阳极 A，光电流减小为零。此时的 U_{AK} 称为遏止电压，用 U_0 表示，满足方程

$$\frac{1}{2}mv^2 = eU_0 \qquad (4.14)$$

代入式（4.13），即有

$$eU_0 = hv - W_S \qquad (4.15)$$

由于金属材料的逸出功 W_S 是金属的固有属性，对于给定的金属材料，W_S 是一个定值。令 $W_S = hv_0$，其中 v_0 为极限频率，即具有极限频率 v_0 的光子的能量恰好等于逸出功 W_S，而没有多余的能量。将式（4.15）改写为

$$U_0 = \frac{h}{e}v - \frac{W_S}{e} = \frac{h}{e}(v - v_0) \qquad (4.16)$$

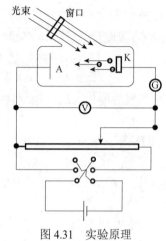

图 4.31　实验原理

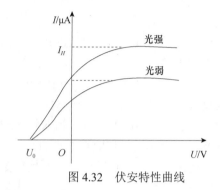

图 4.32　伏安特性曲线

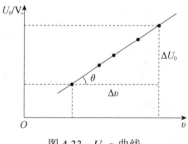

图 4.33　U_0-v 曲线

用减速电位法，可测出不同频率 v 所对应的遏止电压 U_0。由此可作 U_0-v 曲线，由式（4.16）知，这是一条直线，如图 4.33 所示，它的斜率为 $\dfrac{h}{e}$，e 是电子电荷，公认为 $e=1.602189\times10^{-19}$C。由图 4.33 求出直线斜率 $b=\dfrac{\Delta U_0}{\Delta v}$，则普朗克常数也就可以算出。实际测出的光电流随电压变化的曲线，要比图 4.32 所示的复杂，主要是由两个因素影响所致。

（1）存在暗电流和本底电流。在完全没有光照射光电管的情形下，也会产生电流，称为暗电流，它由热电流和漏电流两部分组成。本底电流则是由外界各种漫反射光入射到光电管上所致。它们都随外加电压的变化而变化。

（2）存在反向电流。在制造光电管的过程中，阳极不可避免地被阴极材料所沾染，而且这种沾染在光电管使用过程中会日趋严重。在光的照射下，被沾染的阳极也会发射电子，形成阳极电流即反向电流。因此，实测电流是阴极电流与阳极电流叠加的结果，使得电压与电流的关系曲线不再像图 4.32 那样，而是如图 4.34 所示。图中的电流零点不是阴极电流为零，而是阴极电流与阳极电流的代数和为零。即该点所对应的电压值并不是遏止电压。

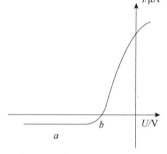

图 4.34　实际伏安特性曲线

在本实验中，由于阳极反向电流很小，在反向电压不大时就已达饱和，所以曲线下部变成直的。确定曲线的点 b 处所对应的反向电压值，即相当于阴极电流的遏止电压。

【实验内容】

1. 测试前的准备

（1）将光源、光电管暗盒、微电流测量放大器安放在适当位置，暂不连线。

（2）接通微电流测量放大器电源，让其预热 20～30min，进行微电流测量放大器的调零和校准。方法是："校准、调零、测量"开关置于"校准、调零"挡，置"电流调节"开关于短路挡，调节"调零"旋钮使电流示数为零。然后置"电流调节"开关于"校准"挡，调节"校准"旋钮使电流表示数为−100，调零和校准可反复调整，调节"倍率"开关至各挡，指针应处于零点处，如不符合要求再调零，使之都能满足要求为止。打开光源开关，让汞灯预热。

2. 测量光电管的暗电流

（1）用电缆将光电管阴极 K 与微电流测量放大器后板上的"电流输入"端相连，用双芯导线将光电管阳极与地线连接到后面板的"电压输出"插座上，注意不要接反导线。

（2）测量光电管的暗电流。遮住光电管暗盒窗口，将"校准、调零、测量"开关置于"测量"挡，"电流调节"开关置于 10^{-7} 或 10^{-6} 挡，旋动"电压调节"旋钮，仔细记录从 −3～+3V 不同电压下的相应电流值（电流值＝倍率×电表读数×μA），此时所读得的数据即为光电管的暗电流。

3. 测量光电管的伏安特性曲线

（1）光源出射孔对准暗盒窗口，并使暗盒离开光源 30～50cm。微电流测量放大器"倍率"开关置"×10^{-5}"挡。选定某一孔径为 ϕ 的光阑（记录其数值），在不改变光源与光电管之间距离 L 的情况下，选用不同滤色片：λ 分别为 365.0nm、404.7nm、435.8nm、546.1nm、577.0nm。

"电压调节"从 −3 或 −2 调起，缓慢增加，先观察一遍不同滤色片下的电流变化情况，记下电流明显变化的电压值，以便精测。

（2）在粗测的基础上进行精测记录。从短波长起小心地逐次换入滤色片，仔细读出不同频率的入射光照射下的光电流，在电流开始变化的地方多读几个值。

（3）在精度合适的方格纸上，仔细作出不同波长（频率）的 U-I 曲线。从曲线中认真找出电流开始变化的"抬头点"，确定 I_{AK} 的遏止电压 U_0。

（4）把不同频率下的遏止电压 U_0 描绘在方格纸上。如果光电效应遵从爱因斯坦方程，则 U_0-v 关系曲线应是一条直线。求出直线的斜率 b，代入式 $h = eb$ 求出普朗克常数，并算出所测值与公认值之间的误差。

【数据处理】
根据实验内容自行设计数据记录表格并进行数据处理。

 思考题

（1）如何从实验数据及其 U-I 图线求出阴极材料的逸出功 W_S？
（2）实验时能否将滤色片插到光源的光阑口上？为什么？
（3）遏止电压为什么不易测准？影响遏止电压测准的因素是什么？
（4）在本实验中引起误差的主要原因是什么？

4.7　用旋光计测定蔗糖溶液的浓度

【实验目的】

（1）了解旋光计的构造原理。

（2）通过旋光计观察旋光现象并应用旋光计测定蔗糖溶液的质量浓度。

【实验仪器】

旋光计、玻璃管、蔗糖溶液、钠光灯等。

【实验原理】

平面偏振光在某些晶体内沿光轴方向传播时，虽然没有发生双折射，但透射光的振动面相对于原入射光的振动面旋转了一定的角度，这种现象称为旋光现象，能使振动面旋转的物质称为旋光性物质。后来实验发现，某些液体也具有旋光性。石英晶体、蔗糖溶液、酒石酸溶液等都是旋光性较强的物质。

当迎着光的传播方向观察时，使振动面沿顺时针方向旋转的物质称为右旋物质；使振动面沿逆时针方向旋转的物质称为左旋物质。实验表明，振动面旋转的角度 ϕ 与其所通过的旋光性物质的厚度成正比，若为溶液，又正比于溶液的质量浓度 c，即

$$\phi = \rho l c$$

式中，l 为以分米（dm）为单位的液柱长；c 为溶液的质量浓度，代表每立方厘米溶液中所含溶质的质量（质量以 g 为单位）；ρ 为物质的旋光率，它在数值上等于偏振光通过 1dm 长的 1cm^3 溶液中含有 1g 旋光物质的液柱时所产生的旋转角。纯蔗糖溶液在 20℃ 时，对于钠黄光的旋光率，经多次测定确认为 $\rho = 66.50°\,cm^3/(dm \cdot g)$。因此，若测出蔗糖溶液的旋转角 ϕ 和液柱长 l，即可求出蔗糖溶液的质量浓度 c。专门用来测量蔗糖溶液质量浓度的旋光计，称作糖量计。

旋光计的外形结构如图 4.35 所示，旋光计构造原理如图 4.36 所示。

旋光计中的光源 S 是钠光灯，F 为固定的聚光镜，N_1 和 N_2 皆为尼科耳棱镜，N_1 为起偏器，N_2 为检偏器，N_2 可以旋转，旋转角度从 N_2 所附的刻度盘 R 上读出，D 为半阴片（一半是普通玻璃，一半是石英半波片，或两旁为玻璃，中间为石英半波片），如图 4.37 所示，H 为盛放待测溶液的管子，T 为短焦距望远镜。

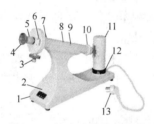

图 4.35　旋光计的外形结构

1. 底座；2. 电源开关；3. 检偏器与度盘转动手轮；
4. 放大镜座；5. 视度调节螺旋；6. 度盘游标；
7. 试管筒；8. 试管筒盖；9. 筒盖把手；10. 连接圈；
11. 灯罩；12. 灯座；13. 电源插头

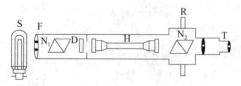

图 4.36　旋光计的构造原理

图 4.37　旋光计的半阴片

钠光灯 S 发出的光通过聚光镜 F 后，照射到起偏器 N_1 上，光线经 N_1 后成为平面偏振光，其偏振面与 N_1 的主截面平行，参看图 4.38。该平面偏振光在通过半阴片 D 时，一部分光线从玻璃中透过，一部分光线从石英半波片中透过，通过玻璃的那一部分光的偏振面不变，仍与 N_1 的主截面平行，设其振动方向为 OA_1，而通过石英半波片的那一部分光的振动面转过了一角度，设其振动方向为 OA_2。

当管子 H 中没有溶液时，由半阴片透出的两束光射到检偏器 N_2 之前，振动方向不发生任何改变。

旋转检偏器 N_2，并通过望远镜 T 观察，会看到以下几种情形：当 $N_2 /\!/ N_1$ 时，A 区域亮，B 区域暗；当 $N_2 \perp N_1$ 时，A 区域暗，B 区域亮；当 $N_2 /\!/ OC$ 时，OC 为 $\angle A_1 O A_2$ 的平分线，A、B 两区域光照强度（简称照度）相同，并且照度较强；当 $N_2 \perp OC$ 时，A、B 两区域照度相同，但照度较弱。通常，取 $N_2 \perp OC$ 的位置作为标准来进行调节，这是因为人眼在一定范围内，对于弱照度的变化较敏感，而且在此位置，只要 N_2 相对于 OC 略有偏转，两区域之一将明显变亮，另一区域将明显变暗，因此易于判别，测量更准确。

当管子 H 中盛有蔗糖溶液时，振动面 OA_1 和 OA_2 都将转过一定角度而变为 OA_1' 和 OA_2'，如图 4.39 所示。

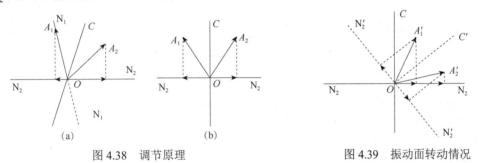

图 4.38　调节原理　　　　　　　　　　　　图 4.39　振动面转动情况

欲再使整个视场处于弱照度，必须将 N_2 旋转到 N_2' 位置，使 N_2' 与 $\angle A_1' O A_2'$ 的平分线 OC' 垂直。这样，N_2 转过的角度，即为平面偏振光振动面的旋转角，这一角度又可从附于 N_2 上的刻度盘 R 读出，从而算出被测蔗糖溶液的质量浓度。

【实验内容】

（1）测定旋光计的零点。将空管 H 放入旋光计中，并点亮钠光灯，调节望远镜 T，直到清楚地看到视场中的分界线，然后转动检偏器 N_2，直至整个视场中 A、B 两区域照度相等。从刻度盘左、右两个读数窗口上读出其数值 $\phi_{左0}$、$\phi_{右0}$ 作为零点位置。重复十次，求其平均值。

（2）用蒸馏水洗涤管子 H 后，装入待测浓度的蔗糖溶液，要装满，尽量使管内无气泡，若有气泡，在把管子放入旋光计里面时，应使气泡在管子凸起部位。调节望远镜 T，直到清楚地看到视场中的分界线，然后转动检偏器 N_2，使视场中 A、B 两区域的弱照度再次相等，从刻度盘左、右两个读数窗口上读出其数值 $\phi_{左}'$、$\phi_{右}'$。重复十次，求其平均值。

（3）由 $\phi = \dfrac{1}{2}\left[(\phi_{左}' - \phi_{左0}) + (\phi_{右}' - \phi_{右0}) \right]$ 即得平面偏振光振动面的旋转角 ϕ，代入公式 $\phi = \rho l c$，即可算出此溶液的质量浓度 c。

【数据处理】

将实验测得的数据填入表 4.8。

表 4.8　蔗糖溶液浓度测定实验数据

测量次数	$\phi_{左0}/(°)$	$\phi_{右0}/(°)$	$\phi'_{左}/(°)$	$\phi'_{右}/(°)$
1				
2				
3				
4				
5				
6				
7				
8				
9				
10				
	$\overline{\phi}_{左0}=$	$\overline{\phi}_{右0}=$	$\overline{\phi}_{左}'=$	$\overline{\phi}_{右}'=$

$$\phi=\frac{1}{2}[(\phi'_{左}-\phi_{左0})+(\phi'_{右}-\phi_{右0})]=\underline{\qquad} 。$$

由 $\phi=\rho lc$ 可得 $c=\dfrac{\phi}{\rho l}=\underline{\qquad}$ 。

注意：测量时溶液的温度应保持在 20℃，此时 $\rho=66.50℃\cdot cm^3/(dm\cdot g)$，当温度超过 20℃时，则相对于 20℃，温度每升高 1℃，ρ 值中的 66.50 相应减去 0.02 作为修正值。

思考题

（1）自然光通过偏振片后，其强度小于通过偏振片前光强度的 $\dfrac{1}{2}$，为什么？

（2）椭圆偏振光和部分偏振光分别通过 $\dfrac{1}{4}$ 波片后，其偏振态各是怎样的？

（3）旋光角的大小与哪些因素有关？

（4）设计一个实验方案，使用一个 $\dfrac{1}{4}$ 波片和一个检偏器，判断椭圆偏振光的旋转方向。

4.8　迈克尔孙干涉仪的调整和使用

迈克尔孙干涉仪是 1883 年美国物理学家迈克尔孙制成的一种精密干涉仪，是一种典型的分振幅法产生双光束干涉的仪器，在科学研究和光学精密测量方面有广泛的应用。

【实验目的】

（1）掌握迈克尔孙干涉仪的调节和使用方法。

（2）会应用迈克尔孙干涉仪观察等倾及等厚干涉现象，学会测量激光、钠黄光的波长及钠光双线的波长等。

（3）加深对各种干涉条纹特点的理解。

【实验仪器】

SGM-1 型迈克尔孙干涉仪及附件。

如图 4.40 所示，分束器 BS、光程补偿板 CP 和两个平面镜 M_1、M_2 及其调节架安装在平台式的基座上。利用镜架背后的螺钉可以调节镜面的倾角。M_2 是可移动镜，它的移动量由螺旋测微器 MC 读出，经过传动比 20：1 的机构，从读数头上读出的最小分度值相当于 M_2 移动 0.0005mm。在参考镜 M_1 和分束器 BS 之间有可以锁紧的插孔，以便空气折射率实验时固定小气室 A，气压（血压）表可以挂在表架上。扩束器 BE 可进行上下左右调节，不用时可以转动 90°，离开光路。毛玻璃架有两个位置，一个靠近光源（毛玻璃起扩展光源作用），另一个在观测位置（毛玻璃作为观察屏用于测定激光波长和空气折射率实验中接收激光干涉条纹）。

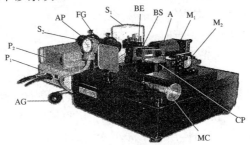

图 4.40　迈克尔孙干涉仪的结构

AG. 橡胶球；P_1. 钠钨灯电源；P_2. He-Ne 激光电源；S_2. He-Ne 激光器；AP. 气压（血压）表；FG. 毛玻璃；S_1. 钠钨双灯；BE. 扩束器；BS. 分束器；A. 气室；M_1. 参考镜；M_2. 可移动镜；CP. 光程补偿板；MC. 螺旋测微器

SGM-1 型迈克尔孙干涉仪的主要技术参数和规格如下。

分束器和补偿板平面度：$\leqslant \dfrac{1}{20}\lambda$。

微动测量分度值：相当于 0.0005mm。

移动镜行程：1.25mm。

气压表量程：0～40kPa。

钠钨双灯功率：钠光灯为 10W；溴钨灯为 15W，6V/3V。

He-Ne 激光器功率：0.7～1mW。

气室长度：80mm。

波长测量准确度：当条纹计数 100 时，相对误差＜2%。

仪器外形尺寸（mm）：350×350×285。

【实验原理】

1. 迈克尔孙干涉仪的光路及干涉原理

迈克尔孙干涉仪的光路如图 4.41 所示。BS 的半透膜将入射光束分成振幅几乎相等的两束光（1）和（2），一束反射，一束折射。光束（1）经 M_1 反射后穿过 BS，到达观察点 E；光束（2）经 M_2 反射后再经 BS 的后表面反射后也到达 E，与光束（1）会合干涉，在 E 处可以看到干涉条纹。玻璃板 CP 起补偿光程的作用。没有玻璃板 CP 时，光线（1）前后通过玻璃板 BS 三次，而光线（2）只通过一次，有了玻璃板 CP，光线（1）和光线（2）分别穿过等厚的玻璃板三次，从而避免光线所经路程不相等而引起较大的光程差。因此，称 CP 为光程补偿板。图中 M_2' 是 M_2 通过 BS 反射面所成的虚像，因而两束光在 M_1 与 M_2 上的反射，就相当于在 M_1 与 M_2' 上的反射。这种干涉现象与厚度为 d 的空气薄膜产生的干涉现象等效。改变 M_1 与 M_2' 的相对方位，就可得到不同形式的干涉条纹。

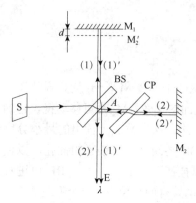

图 4.41　迈克尔孙干涉仪的光路及干涉原理

M_1 和 M_2 严格垂直，即 M_1 与 M_2' 严格平行时，可产生等倾干涉条纹，当 M_1 与 M_2' 接近重合，且有一微小夹角时，可得到等厚干涉条纹。

当两反射镜 M_1 与 M_2 严格垂直时，M_1 与 M_2' 相互平行，对于入射角为 θ 的光线，自 M_1 和 M_2' 反射的两束光的光程差为

$$\Delta = 2d\cos\theta \tag{4.17}$$

式中，d 为 M_1 与 M_2' 的距离；θ 为光束（1）在 M_1 上的入射角。当空气膜厚度 d 一定时，（1）、（2）两束光线的光程差仅决定于入射角 θ。有相同的入射角 θ，就有相同的光程差 Δ。θ 的大小就决定干涉条纹的明暗性质和干涉级次，这种仅由入射倾角决定的干涉称为等倾干涉。其干涉条纹是一系列与不同倾角 θ 相对应的同心圆环。其中亮条纹与暗条纹所满足的条件是

$$\Delta = 2d\cos\theta = \begin{cases} k\lambda & \text{（亮条纹）} \\ (2k+1)\dfrac{\lambda}{2} & \text{（暗条纹）} \end{cases} \quad (k=0, 1, 2, 3, \cdots) \tag{4.18}$$

当 $\theta=0$ 时，对应于中心处垂直于两镜面的两束光的光程差 $\Delta=2d$ 为最大光程差。因而中心条纹的干涉级次 k 最高，偏离中心处，条纹级次越来越低。

由式（4.18）可以看出，当 d 变大时，要保持光程差不变（即 k 不变），必须减小 $\cos\theta$，即增大 θ。所以，逐渐增大 d 时，可看到干涉条纹向外扩张，条纹逐渐变密变细，同时中心会有高一级的条纹冒出。每当 d 增大 $\dfrac{\lambda}{2}$ 时，就从中心冒出一个圆环。反之，当 d 逐渐减小时，干涉圆环的半径会逐渐减小，条纹会不断向里收缩，条纹逐渐变疏变粗。每当 d 减少 $\dfrac{\lambda}{2}$ 时，就有一个圆环陷入。若转动微动手轮，缓慢移动 M_1，使视场中心有 N 个条纹冒出或陷入，就可知 M_1 移动的距离为

$$\Delta d = N\frac{\lambda}{2}$$

从而求出所用光源的波长 λ。

$$\lambda = \frac{2\Delta d}{N} \tag{4.19}$$

2. 迈克尔孙干涉仪观察不同定域状态的干涉条纹

1）点光源产生的非定域干涉

由干涉理论可知，两个相干的单色点光源发出的球面波在空间相遇会产生非定域干涉条纹。用一个毛玻璃屏放在两束光交叠的任意位置，都可接收到干涉条纹。一束 He-Ne 激光经一个短焦距透镜（扩束器）会聚后，可认为是一个很好的点光源，如图 4.42 所示。点光源 S 经 M_1、M_2 镜反射后，在 E 处产生的干涉就好比由虚点光源 S_1 和 S_2 产生的干涉。其中 S_1 是点光源 S 经 BS 和 M_1 镜面反射而成的虚像，S_2 相当于 S 由 BS 和 M_2' 镜面反射所成的虚像。当 M_1 与 M_2' 平行时，在毛玻璃屏 E 处就可观察到点光源产生的非定域的同心圆环。

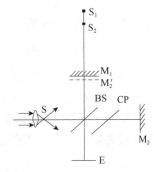

图 4.42　点光源产生的非定域干涉

2）扩展面光源产生的定域干涉

当使用扩展面光源（如为钠光灯、低压汞灯加上一块毛玻璃）作光源照明迈克尔孙干涉仪时，面光源上的每一点都会在观察屏 E 处产生一组干涉条纹。面光源上无数个点光源在观察屏的不同位置上产生无数组干涉条纹，这些干涉条纹非相干叠加的结果，使得毛玻璃屏 E 处出现一片均匀的光，看不清干涉条纹。此时只有在干涉场的某一特定区域，才可观察到清晰的干涉条纹，这种干涉称为定域干涉，这一特定区域称为干涉条纹的定域位置。当 M_1 与 M_2' 平行时，条纹的定域位置出现在无穷远处，若在 E 处加入凸透镜，则干涉条纹出现在透镜的焦平面上。观察这种条纹时，应去掉观察屏，将眼睛直接通过干涉仪的 BS 向 M_1 方向望进去，在无穷远处可看到清晰的同心圆环。当眼睛上下左右移动时，干涉条纹不会有冒出或陷入的现象，干涉条纹的圆心随着眼睛的移动而移动，但各圆的直径不发生变化，这样的干涉条纹才是严格的等倾干涉条纹。

当 M_1 与 M_2' 非常接近时，微调 M_2'，使 M_2' 与 M_1 之间有一个微小的夹角，此时在镜面 M_1 附近可观察到等厚干涉条纹。它们的形状如图 4.43 所示，在 M_1 与 M_2' 的交棱附近的条纹是近似平行于交棱的等间距直线，在偏离交棱较远的地方，干涉条纹呈弯曲形状，凸面对着交棱。这种等厚干涉条纹定域在薄膜表面附近，因而观察时人眼应调焦在反射镜 M_1 附近。若利用白光加毛玻璃作光源，可观察到彩色条纹。因为白光是复色光，它的干涉条纹只能在 M_1 与 M_2' 重合位置（等光程）附近出现，因而只有几条彩色干涉条纹。

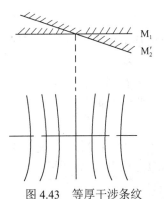

图 4.43　等厚干涉条纹

3. 利用迈克尔孙干涉仪测定钠光的波长差

用钠光灯加一块毛玻璃作扩展面光源，在迈克尔孙干涉仪上调出等倾干涉条纹后，如不断转动微动手轮，即改变两束光的光程差，可以发现在无限远处的干涉条纹有时清晰，有时模糊，甚至当 d 变化到一定数值时，会完全看不到条纹；再继续改变 M_1 的位置时，条纹又会慢慢清晰起来，即干涉条纹的可见度周期性地变化。这是因为钠光包含波长差为 $\Delta\lambda$ 的两个波长 λ_1 和 λ_2，这两个波长的光在无穷远处各自产生一套干涉条纹。它们相互叠加的结果，会使条纹的清晰度发生周期性变化。当光程差为 λ_1 和 λ_2 的不同整数倍时，即 $\Delta=k_1\lambda_1=k_2\lambda_2$ 时，λ_1 产生亮条纹的地方，也是 λ_2 产生亮条纹的地方，此时干涉条纹最清晰。而当光程差为 λ_1 的整数倍，但又是 λ_2 的半波长的奇数倍时，即 $\Delta=k_1\lambda_1=(2k_2+1)\dfrac{\lambda_2}{2}$，$\lambda_1$ 光产生亮条纹的地方，正好是 λ_2 光产生暗条纹的地方，此时干涉条纹叠加的结果，使干涉条纹变模糊。若 λ_1 与 λ_2 的光照强度相等，则条纹的可见度几乎为零，视场里出现一片均匀的黄光，看不到条纹。从某一可见度最清晰到下一个可见度最清晰的间隔，也是从某一可见度为零到下一个可见度为零的间隔，两束光光程差的变化为

$$\Delta L=2\Delta d=k\lambda_1=(k+1)\lambda_2 \tag{4.20}$$

式中，Δd 是反射镜 M_1 移动的距离，即视场的可见度由清晰—模糊—再清晰变化一周期时 M_1 移动的距离。

因为 $\dfrac{\lambda_1-\lambda_2}{\lambda_2}=\dfrac{1}{k}=\dfrac{\lambda_1}{2\Delta d}$ ，所以波长差

$$\Delta\lambda=\lambda_1-\lambda_2=\dfrac{\lambda_1\cdot\lambda_2}{2\Delta d}\approx\dfrac{(\bar\lambda)^2}{2\Delta d} \tag{4.21}$$

式中，$\bar\lambda$ 为钠光双线的平均波长，一般取 589.3nm。

【实验内容】

1. 调节迈克尔孙干涉仪

1）调节激光束与仪器台面平行

将扩束器转移到光路以外，毛玻璃屏安置在图 4.39 中的 E 处作观察屏，将光路辅助调节器（平时插在仪器平台左上角的上端带有小孔的黄铜杆）插于仪器平台上位于 BS 和 CP 底座中心连线上靠近激光器的小孔，调节 He-Ne 激光器前端，使光束穿过光路辅助调节器上端小孔，再将光路辅助调节器插于仪器平台面上位于 BS 和 CP 底座中心连线上靠近 M_2 的小孔，调节 He-Ne 激光器后端，使光束穿过光路辅助调节器上端小孔，反复几次，使得光路与仪器台面平行，至此激光器不可再动。

2）调节 M_1、M_2 与仪器台面垂直且二者相互垂直

调节 M_1 座下的螺旋测微器，使 M_1 和 M_2 到 BS 的中轴距离基本相等。以先前调好的光路为准，调节平面镜 M_1 和 M_2 的背面的调节螺钉，使观察屏中央两组光点重合且最亮光点落在观察屏中央。然后将扩束器置入光路，即可在观察屏上看到同心圆环的干涉条纹。若干涉圆环的中心不在观察屏的中心，则调节 M_1 或者 M_2 背面的调节螺钉使其落在观察屏的中心。

为防止补偿板反射光刺眼，可用针孔屏遮挡。使用钠光灯作光源时，可在灯罩上置一针孔屏，并调节两个平面镜，同时直接向视场观察，直到两组光点重合后，移开针孔屏，在光源和分束器之间插入毛玻璃屏，即有干涉条纹出现。

2. 测定 He-Ne 激光器光波的波长

转动与 M_2 联动的螺旋测微器，改变平面镜 M_2 的位置，可观察到观察屏中心有条纹不断冒出或陷入。测出 100 个条纹在视场中心陷入（或冒出）时，平面镜 M_2 移动的距离 $\Delta d = d_1 - d_2$。重复测量三次，求平均值，并由式（4.19）求出所用激光波长。已知 He-Ne 激光的波长 $\lambda_0 = 632.8$nm。

必须注意，在测量 100 个条纹的过程中，螺旋测微器要始终向同一个方向旋转，避免出现回程差。

3. 测定钠光光波的波长

测量完激光波长后，旋转 M_1 座下的螺旋测微器，使条纹陷入，在条纹陷入过程中，要始终使条纹圆心在观察屏中心，若有偏移，调节 M_1 背面的两个调节螺钉。当观察屏上仅看到一两条条纹时，拿掉激光器，换上钠光灯和毛玻璃，眼睛沿 BS-M_1 方向望进去，在无穷远处一般可看到钠光的干涉条纹。如果条纹模糊，转动与 M_2 联动的螺旋测微器，使条纹变清晰。若眼睛左右移动，中心有条纹冒出或陷入，就应仔细调节 M_2 背面的调节螺钉。若眼睛竖直方向移动时，有条纹冒出或陷入，应调节竖直方向的调节螺钉；若眼睛水平方向移动时，有条纹冒出或陷入，应调节水平方向的调节螺钉。当眼睛稍微移动时，条纹平移，即圆心移动，但条纹的直径不变，中心不出现冒出条纹或陷入条纹的现象，此时缓慢转动与 M_2 联动的螺旋测微器，测出 100 个条纹在视场中心陷入（或冒出）时，平面镜 M_2 移动的距离 $\Delta d = d_1 - d_2$，重复测量三次，求平均值，并由式（4.19）求出钠光波长 λ。

4. 测定钠光双线的波长差

缓慢转动与 M_2 联动的螺旋测微器，观察钠光条纹的可见度从清晰—模糊—清晰—模糊的周期性变化。当视场中条纹刚出现模糊（或清晰）时，记下 M_2 的位置 d_1，当再一次刚出现模糊（或清晰）时，记下读数 d_2，求出相邻两次的间隔 $\Delta d = d_1 - d_2$，重复测量三次，求平均值，代入式（4.21），求出双线差 $\Delta\lambda$。

5. 等厚干涉及观察白光的彩色干涉条纹

使 M_2 向条纹逐一消失于环心的方向移动，直到视场内条纹极少时，仔细调节平面镜，使其稍许倾斜，转动测微螺旋，使弯曲条纹向圆心方向移动，陆续出现一些直条纹，即等厚干涉条纹。

在等厚干涉产生直条纹之后，适当提高溴钨灯，并接通钨灯电源，加入白光照明视场的下半部分，向直条纹比较弯曲的一侧继续缓慢地转动测微螺旋，待逐渐出现彩色条纹后，可在其中辨认出中央暗条纹，这是光程差为零处的干涉。

6. 测透明介质薄片的折射率

用测微螺旋使平面镜 M_2 向分束器移动时调出白光干涉条纹，使中央条纹对准视场中的叉丝（可画在光源与分束器之间的毛玻璃上），记下动镜位置读数 l_1。在可移动镜前

加入一片优质的透明薄片（厚度＜1mm）之后，增加的光程差

$$\delta = 2d(n-1)$$

致使彩色条纹移出视场，沿原方向转动手轮至彩色条纹复位时，补偿的光程差 $\delta' = \delta$，记下动镜位置 l_2，由 l_1 和 l_2 计算出 δ，再用螺旋测微器（千分尺）测出薄片的厚度，即可由上述关系计算出它的折射率 n。

7. 测定空气的折射率

用小功率激光器作光源，将内壁长 l 的小气室置于迈克尔孙干涉仪光路中，调节干涉仪，获得适量等倾干涉条纹之后向气室里充气（0～40kPa，或 0～300mmHg，1mmHg≈1333.3Pa），再稍微松开阀门，以较低的速率放气的同时，计数干涉环的变化数 N（估计出1位小数）至放气终止，压力表指针回零。在实验室环境里，空气的折射率

$$n = 1 + \frac{N\lambda}{2l} \times \frac{p_{amb}}{\Delta p}$$

式中，Δp 为气室放气前后的压强差。激光波长 λ 已知，环境气压 p_{amb} 从实验室的气压计读出（条件不具备时，可取 101325Pa），本实验宜进行多次测量，计算平均值。

8. 测镀膜厚度

制备一个在平行平板玻璃上形成的镀膜台阶，取代干涉仪的一个平面镜，在上（下）半个视场调出白光等厚干涉条纹，下（上）半视场的直条纹必然存在错动位移，旋动测微螺旋，测出这个位移量，即补偿的光程差就等于待测镀膜的厚度。

【数据处理】

自行设计数据记录表并进行数据处理。

注意：

（1）仪器应安放在远离震源的干燥、清洁的房间里，实验台要求平稳、坚固。仪器在搬动过程中应注意防止碰撞和振动。

（2）一般情况下，不要擦拭仪器的光学零件。必须擦拭时，先用清洁的软毛刷掸去灰尘，再用脱脂棉球滴上乙醇和乙醚混合液轻拭。禁止手触光学零件的透光面和反射面。

（3）转动测微螺旋及调节螺钉时，用力要适当，不可斜向强扳硬拧。

（4）在相对湿度大的季节，仪器闲置不用时，可将光学零件卸下，存放在干燥盆里，防止发霉。复装分束器和补偿板时，可用自准直望远镜调节两块平板平行。

（5）用户不要自行拆卸仪器的机械部件，以免装调困难或降低测量机构的准确度。

（6）使用 He-Ne 激光器作光源时，眼睛不可以直接面对激光光束传播方向凝视。接收和观察干涉条纹，应使用毛玻璃屏，不要用肉眼直接观察，以免伤害视网膜。

（7）溴钨灯和纳光灯中的小型钠灯是特制的，必须配接电源箱中的配套镇流器使用，以保障灯具安全运行。

 **思考题**

（1）分析并说明迈克尔孙干涉仪中所看到的明暗相间的同心圆环与牛顿环有何异同。

（2）分析扩束激光和钠光产生的同心圆环的差别。

（3）调节钠光干涉条纹时，如确实用激光已调节好，但改换钠光后条纹并未出现，试分析可能的原因。

（4）如何判断和检验钠光形成的干涉条纹属于严格的等倾干涉条纹？

参 考 文 献

成正维，2002. 大学物理实验 [M]. 北京：高等教育出版社.

丁慎训，张孔时，1992. 物理实验教程（普通物理实验部分）[M]. 北京：清华大学出版社.

贾玉润，王公治，凌佩玲，1987. 大学物理实验 [M]. 上海：复旦大学出版社.

李平舟，陈秀华，吴兴林，2002. 大学物理实验 [M]. 西安：西安电子科技大学出版社.

李秀燕，2001. 大学物理实验 [M]. 北京：科学出版社.

沈元华，陆申龙，2003. 基础物理实验 [M]. 北京：高等教育出版社.

杨述武，2000. 普通物理实验 [M]. 北京：高等教育出版社.

张山彪，桂维玲，孟祥省，2009. 基础物理实验 [M]. 北京：科学出版社.

附　　录

附录1　常用仪器的最大允许误差 $\Delta_仪$

米尺	$\Delta_仪=0.5\text{mm}$
游标卡尺（20、50 分度）	$\Delta_仪=$ 最小分度值（0.05mm 或 0.02mm）
千分尺	$\Delta_仪=0.004\text{mm}$ 或 0.005mm
分光计	$\Delta_仪=$ 最小分度值（1'或 30'）
读数显微镜	$\Delta_仪=0.005\text{mm}$
各类数字式仪表	$\Delta_仪=$ 仪器最小读数
记时器（1s、0.1s、0.01s）	$\Delta_仪=$ 仪器最小分度（1s、0.1s、0.01s）
物理天平（0.1g）	$\Delta_仪=0.05\text{g}$
电桥（QJ23 型）	$\Delta_仪=K\%\cdot R$（K 是准确度或级别，R 为示值）
电位差计（UJ33 型）	$\Delta_仪=K\%\cdot v$（K 是准确度或级别，v 为示值）
转柄电阻箱	$\Delta_仪=K\%\cdot R$（K 是准确度或级别，R 为示值）
电表	$\Delta_仪=K\%\cdot M$（K 是准确度或级别，M 为示值）
其他仪器、量具	$\Delta_仪$ 是根据实际情况由实验室给出的示值误差限

附录2　20℃时常见固体和液体的密度

物质	密度 $\rho/(\text{kg}/\text{m}^3)$	物质	密度 $\rho/(\text{kg}/\text{m}^3)$
铝	2698.9	窗玻璃	2400～2700
铜	8960	冰（0℃）	800～920
铁	7874	石蜡	792
银	10500	有机玻璃	1200～1500
金	19320	甲醇	792
钨	19300	乙醇	789.4
铂	21450	乙醚	714
铅	11350	汽油	710～720
锡	7298	氟利昂-12	1329
汞	13546.2	变压器油	840～890
钢	7600～7900	甘油	1260
石英	2500～2800	食盐	2140
水晶玻璃	2900～3000	—	—

附录 3　标准大气压下不同温度的纯水密度

温度 $t/℃$	$\rho/(kg/m^3)$	温度 $t/℃$	$\rho/(kg/m^3)$	温度 $t/℃$	$\rho/(kg/m^3)$
0	999.841	17.0	998.774	34.0	994.371
1.0	999.900	18.0	998.595	35.0	994.031
2.0	999.941	19.0	998.405	36.0	993.68
3.0	999.965	20.0	998.203	37.0	993.33
4.0	999.973	21.0	997.992	38.0	992.96
5.0	999.965	22.0	997.770	39.0	992.59
6.0	999.941	23.0	997.538	40.0	992.21
7.0	999.902	24.0	997.296	41.0	991.83
8.0	999.849	25.0	997.044	42.0	991.44
9.0	999.781	26.0	996.783	50.0	998.04
10.0	999.700	27.0	996.512	55.0	985.73
11.0	999.605	28.0	996.232	60.0	983.21
12.0	999.498	29.0	995.944	65.0	980.59
13.0	999.377	30.0	995.646	70.0	977.78
14.0	999.244	31.0	995.340	80.0	975.31
15.0	999.099	32.0	995.025	90.0	965.31
16.0	999.943	33.0	994.702	100.0	958.35

附录 4　不同温度下水的表面张力系数

$t/℃$	$\gamma/(10^{-3}N/m)$	$t/℃$	$\gamma/(10^{-3}N/m)$	$t/℃$	$\gamma/(10^{-3}N/m)$	$t/℃$	$\gamma/(10^{-3}N/m)$
0	75.64	15	73.49	22	72.44	28	71.50
5	74.92	16	73.34	23	72.28	29	71.35
10	74.22	17	73.19	24	72.13	30	71.18
11	74.07	18	73.05	25	71.97	35	70.38
12	73.93	19	72.90	26	71.82	40	69.56
13	73.78	20	72.75	27	71.66	45	68.74
14	73.64	21	72.59	—	—	—	—

附录 5　各种固体材料的弹性模量

材料名称	杨氏模量 $Y/(10^9Pa)$	切变模量 $G/(10^9Pa)$	泊松比 μ
镍铬钢、合金钢	206	79.38	0.25~0.3
碳钢	196~206	79	0.24~0.28
铸钢	172~202	—	0.3
球墨铸铁	140~154	73~76	—

材料名称	杨氏模量 $Y/(10^9 Pa)$	切变模量 $G/(10^9 Pa)$	泊松比 μ
灰铸铁、白口铸铁	$113 \sim 157$	44	$0.23 \sim 0.27$
冷拔纯铜	127	48	—
轧制磷青铜	113	41	$0.32 \sim 0.35$
轧制纯铜	108	39	$0.31 \sim 0.34$
轧制锰青铜	108	39	0.35
铸铝青铜	103	41	—
冷拔黄铜	$89 \sim 97$	$34 \sim 36$	$0.32 \sim 0.42$
轧制锌	82	31	0.27
硬铝合金	70	26	—
轧制铝	68	$25 \sim 26$	$0.32 \sim 0.36$
铅	17	7	0.42
玻璃	55	22	0.25
混凝土	$14 \sim 23$	$4.9 \sim 15.7$	$0.1 \sim 0.18$
纵纹木材	$9.8 \sim 12$	0.5	—
横纹木材	$0.5 \sim 0.98$	$0.44 \sim 0.64$	—
橡胶	0.00784	—	0.47
电木	$1.96 \sim 2.94$	$0.69 \sim 2.06$	$0.35 \sim 0.38$
尼龙	28.3	10.1	0.4
可锻铸铁	152	—	—
拔制铝线	69	—	—
大理石	55	—	—
花岗石	48	—	—
石灰石	41	—	—
尼龙 1010	1.07	—	—
夹布酚醛塑料	$4 \sim 8.8$	—	—
石棉酚醛塑料	1.3	—	—
高压聚乙烯	$0.15 \sim 0.25$	—	—
低压聚乙烯	$0.49 \sim 0.78$	—	—
聚丙烯	$1.32 \sim 1.42$	—	—

注：杨氏模量值与材料结构、化学成分、加工方法有关，可能与表中所列数值不尽相同。

附录6　常用热电偶的特性

热电偶	常用温度范围/℃	温差电动势近似值/（mV/100℃）
铜-康铜	$-200 \sim +300$	4.3
铁-康铜	$-200 \sim +800$	5.3
铬-铝	$-200 \sim +1100$	4.1
铂-10%铑	$-180 \sim +1600$	0.95
铂，40%铑-铂，20%铑	$200 \sim 1800$	0.4